AF345222

FÉLIX NARJOUX

ARCHITECTE DE LA VILLE DE PARIS

LES
ÉCOLES PUBLIQUES

CONSTRUCTION ET INSTALLATION

EN SUISSE

DOCUMENTS OFFICIELS

SERVICES INTÉRIEURS ET EXTÉRIEURS — BATIMENTS SCOLAIRES

MOBILIER SCOLAIRE — SERVICES ANNEXES

PARIS

Vᵉ A. MOREL ET Cⁱᵉ, LIBRAIRES-ÉDITEURS

13, RUE BONAPARTE, 13

1879

LES

ÉCOLES PUBLIQUES

CONSTRUCTION ET INSTALLATION

EN SUISSE

FÉLIX NARJOUX

ARCHITECTE DE LA VILLE DE PARIS

LES

ÉCOLES PUBLIQUES

CONSTRUCTION ET INSTALLATION

EN SUISSE

DOCUMENTS OFFICIELS

SERVICES INTÉRIEURS ET EXTÉRIEURS — BATIMENTS SCOLAIRES

MOBILIER SCOLAIRE — SERVICES ANNEXES

PARIS

Vᵉ A. MOREL ET Cⁱᵉ, LIBRAIRES-ÉDITEURS

13, RUE BONAPARTE, 13

1879

TABLE DES CHAPITRES

Avant-propos   v

LES ÉCOLES PUBLIQUES EN SUISSE.

Exposé.   1

I

DOCUMENTS OFFICIELS.

LÉGISLATION. — RÈGLEMENTS. — CIRCULAIRES. INSTRUCTIONS. — PROGRAMMES.

Canton de Schaffouse : Instruction indiquant les règles à suivre
pour la construction d'une école (4 février 1852) :
   Dispositions générales relatives à la construction : emplacement, la maison d'école, la classe, le mobilier.   6

Canton de Zurich : Règlement relatif à la construction des écoles
(26 juin 1861) :
   Emplacement, abords, locaux nécessaires et leur aménagement, logement des maîtres, privés, chauffage, distribution
des bâtiments scolaires, mode de construction et matériaux à
employer, choix de l'emplacement, établissement de la dépense,
part contributive de l'État.   13

Canton de Vaud : Extrait du règlement relatif à la construction des
écoles primaires et secondaires (7 juillet 1865) :
   Salles d'école et matériel.   26
Construction et hygiène des écoles, extrait d'un mémoire de
M. H.-W. de Saint-Georges, architecte à Lausanne.

Pages.

Emplacement, orientation, matériaux, ventilation, peinture des parois 30

Mémoire présenté au nom de la Commission spéciale d'hygiène et de salubrité des établissements scolaires de Bâle, par le docteur W. Hiss, son président (10 octobre 1870) :

    Choix de l'emplacement de l'école, dimensions des classes, distribution de la lumière, mode d'éclairage, ventilation, chauffage, installation intérieure, cours de récréation, privés 34

L'hygiène scolaire, extrait d'un mémoire de la Commission d'hygiène scolaire, relatif à l'état actuel des écoles de Bâle, par le docteur W. Hiss, président (8 mars 1872) :

    Nombre d'élèves que les classes doivent contenir, éclairage, nettoyage, logements de maîtres, leur suppression, cours de récréation, privés 50

II

SERVICES EXTÉRIEURS ET INTÉRIEURS.

§ 1. *Services extérieurs.*

Emplacement. 54

Orientation. 56

Écoles mixtes, écoles de filles, écoles de garçons. 56

Cours. 62

Fontaines. 64

Privés, urinoirs. 64

Jardins 66

Gymnases. 67

§ 2. *Services intérieurs.*

Gardiens. 72

Préaux, vestibules. 73

Galeries, vestiaires. 78

Fenêtres, persiennes, stores, rideaux. 83

Classes : leur forme, leurs dimensions, leur surface, le nombre d'élèves qu'elles contiennent. 87

Parements des murs, cloisons, plafonds. 92

Escaliers 92

Pages.

Salles de dessin, salles d'examen, salles de musique, salles de
fêtes, salles des maîtres..   97
Bibliothèque, musée scolaire. 105
Ouvroirs, salles de travail professionnel.. 106
Éclairage.. 107
Chauffage et ventilation. 108
        —   Extrait d'un mémoire de M. H.-W. de Saint-Georges,
                 arehitecte à Lauzanne, sur le chauffage et la ven-
                 tilation des écoles 108
        —   Appareils en usage dans quelques écoles :
        —   —   École de la Neuville à Wintherthur.. . . . 115
        —   —   École Sainte-Clara, Petit-Bâle. 117
        —   —   École de filles à Genève. 120
        —   Appareils système Salvisberg, à Berne. 124

III

DIFFÉRENTS TYPES DE MAISONS D'ÉCOLE.

Plans. — Coupes. — Élévations. — Écoles rurales. — Écoles urbaines

École rurale mixte à Duillier (Vaud). 127
  —   de l'Oberland. 131
  —   mixte de Saint-Triphon 143
  —   de hameau à Forel. 147
  —   de hameau à Hammen. 151
  —   communale de Corsier. 153
  —   mixte de Montreux. 155
  —   de filles à Vevey. 159
  —   de la Neuville à Wintherthur. 167
  —   de l'Hôtel-de-Ville à Wintherthur. 169
  —   de garçons et de filles à Zoffingen. 174
  —   —   —   à Aarau. 181
  —   de filles de Sainte-Clara à Bâle. 188
  —   de filles de la Theaterstrasse à Bâle. 192
  —   de filles à Neufchâtel 196
École de garçons à Neufchâtel. 201
  —   sur le Schanzengraben à Zurich. 205
  —   sur la Linterscher-Platz, à Zurich 207
  —   cantonale à Berne. 210

Pages.

IV

LOGEMENTS DES MAITRES.

Renseignements généraux. 215

V

JARDINS D'ENFANTS.

Description et installation. 219

VI

MOBILIER SCOLAIRE.

Étude sur le mobilier des écoles suisses, par **M. W.-H.** de Saint-
    Georges, **architecte.** 222

Extrait d'un mémoire du docteur Hiss, relatif au mobilier scolaire :

Écoles américaines, travaux du docteur Guillaume, travaux du
    docteur Fahrner ; conditions à remplir pour la construction
    des bancs d'école ; modèle Kunz ; bancs américains ; influence
    du mode d'éclairage ; conclusion, barres des pieds, hauteur uni-
    forme des bancs et des tables 231

Différents modèles de bancs-tables en usage :

    Modèle proposé par le docteur Hiss. 240

       —   du canton de Berne. 242

       —   du canton de Neufchâtel. 243

       —   de Largiader. 245

Modèle de bancs à sièges mobiles. 247

Sièges de maîtres. 248

Tableaux noirs fixes et mobiles. 249

Bancs des salles de musique, de fêtes, etc. 251

Tables à dessiner 253

VII

CONCLUSION. 256

TABLE DES FIGURES. 261

Les écoles publiques en Suisse forment la troisième partie des études que nous avons entreprises sur les écoles publiques; nos deux premiers volumes ont été consacrés aux écoles publiques en France et en Angleterre, et aux écoles publiques en Belgique et en Hollande.

Les renseignements contenus dans cette nouvelle étude n'offrent pas moins d'intérêt que ceux contenus dans les études qui l'ont précédée. Nous avons voulu faire connaître les écoles publiques de la Suisse et montrer ce que ce noble petit pays, perdu dans ses montagnes, avait su faire pour ses établissements scolaires; nous avons cru utile d'appeler l'attention sur les moyens mis en œuvre si près de nous dans le but de favoriser l'instruction populaire; dans un état républicain plus que dans tout autre, le développement de l'instruction primaire est du plus haut et du plus puissant intérêt.

Les nouvelles institutions appelées à nous régir, le suffrage universel devenu la base de nos institutions, rendent l'instruction indispensable à tous les Français ; depuis longtemps déjà il est question d'instruction obligatoire, mais pour que cette mesure puisse être appliquée, pour que son application ne constitue pas un leurre, une déception, il nous faut posséder non seulement dans les villes, mais dans les plus humbles hameaux, des écoles convenables et en nombre suffisant. Or, même à Paris, nous sommes bien loin d'atteindre ce résultat.

Étudier ce que les autres ont fait à ce sujet, quelles formes et quelles dispositions ils ont données à leurs écoles, est incontestablement faire une œuvre utile, et c'est à cette œuvre que nous convions nos lecteurs. Il ne s'agit pas de chercher à transformer nos écoles françaises en écoles suisses, nous avons déjà bien des fois protesté contre un tel but et un tel résultat ; il s'agit au contraire de prendre aux écoles suisses pour l'appliquer aux nôtres, ce que celles-là ont de sage, d'utile et de pratique.

Les Suisses donnent à leurs écoles une importance extrême ; dans les villes ce sont de véritables palais, dans les campagnes c'est le monument le plus important du village. Chez nos voisins on dit *l'école* comme chez nous on dit l'église ou le château. Les différents types que nous avons passés en revue, depuis la plus modeste école de l'Oberland jusqu'à la grande école cantonale de Berne, permettent de suivre la gradation et le développement donnés aux établissements scolaires des divers degrés, de constater le soin et la recherche apportés à leur construction.

Les écoles suisses sont avec les écoles allemandes les mieux installées, les mieux construites d'Europe. Le lecteur pourra lui-même se former un avis à ce sujet et comparer les écoles suisses avec les écoles de France, d'Angleterre, de Belgique et de Hollande ; quant aux écoles allemandes, il nous sera peut-être possible de bientôt les faire à leur tour passer sous ses yeux.

FÉLIX NARJOUX.

Cestas, 8 octobre 1878.

LES

ÉCOLES PUBLIQUES

EN SUISSE

———

L'examen des écoles publiques de Suisse causera certainement au lecteur une impression d'étonnement. La force et la volonté, l'industrie et l'administration de ce petit peuple, perdu en Europe au milieu de ses montagnes, ont souvent été louées ; l'organisation de ses écoles publiques est moins connue et n'est pas moins digne, cependant, d'attirer l'attention et de mériter une étude dont les résultats seront, sans contredit, des plus fructueux.

La transformation des écoles de Suisse est récente ; il y a quelques annés à peine que s'est produit le grand mouvement de reconstruction des établissements scolaires, il a été poursuivi sans interruption et se continue sans relâche. Deux hommes ont attaché leur nom à cette œuvre de perfectionnement physique et moral : le Dr Guillaume pour la Suisse romande, le Dr Hiss pour la Suisse allemande. Tous deux médecins, ils se sont naturellement préoccupés avant tout des questions hygiéniques, des conditions auxquelles devait répondre une école pour être saine et salubre, également bien disposée à l'égard des élèves et à l'égard des maîtres.

Les constructeurs, chargés de traduire la pensée et de réaliser les projets de ces deux savants, ne se sont peut-être pas assez préoccupés de l'enveloppe, de la forme dont il fallait revêtir l'idée qu'ils étaient chargés d'exprimer. Cette négligence ou cette erreur, au point de vue de notre manière de voir française, n'ôte rien au principe de sa force et de sa valeur. L'importance des constructions, leurs dimensions, la surface des classes, l'aspect des vestibules, des escaliers, la forme monumentale des façades, paraîtront peut-être, au premier abord, hors de proportion avec le but à atteindre. En France, nous demandons à nos écoles plus de simplicité, nous leur voulons une apparence plus modeste et moins somptueuse; mais nos voisins ont à ce sujet une manière de voir toute différente de la nôtre. Ils ne comprennent pas que nous déployions tant de splendeur et d'éclat dans nos hôtels, nos palais, nos théâtres; que nous apportions tant d'économie dans la construction de nos écoles, que nous leur donnions une apparence si froide et si triste.

« L'école, disent les Suisses, est le palais du peuple; c'est à l'école que s'élèvent, que se forment les enfants qui, plus tard citoyens, seront la force matérielle d'une nation, son espoir et son appui. A qui persuadera-t-on qu'un édifice, dont le but est si noble et si grand, mérite moins de soins et d'attentions, moins de recherches et d'éclat qu'une demeure de prince ou une académie de danse. »

L'influence du milieu dans lequel vit chaque individu est incontestable, c'est pendant l'enfance que les impressions sont les plus vives, il faut donc que par sa forme extérieure, ses dispositions intérieures, l'école dans laquelle se passent les années de l'enfant présente des formes qui soient de nature à frapper son esprit, à le prédisposer à mieux profiter des leçons et de l'enseignement qu'il y reçoit.

Une fois ces données admises, il ne faut plus s'étonner si, pour les mettre en pratique, de petites villes de 4000 à 5000 habitants, comme Zoffingen ou Aarau, par exemple, consacrent un million à la construction de leurs écoles.

De tels principes accompagnés de tels actes sont la preuve irréfutable de sentiments nobles et élevés qu'il est difficile de repousser et auxquels il faut reconnaître une valeur incontestable.

Les Suisses ont la fibre patriotique très-sensible, ils sont d'autant plus épris de leur indépendance qu'ils redoutent davantage de la voir menacée. C'est cet amour du sol, c'est cet amour-propre national, ce désir de remplacer la force par le savoir qui leur a fait transformer leurs écoles et leur a imposé le désir de posséder les plus remarquables constructions de cette nature de l'Europe. S'ils n'ont pas complètement atteint ce but d'une louable ambition, il faut reconnaître qu'ils en ont approché aussi près que possible.

L'enseignement et la direction des écoles suisses sont exclusivement réservés à des maîtres; on ne confie aux femmes que les enfants en bas âge et on ne les charge que des classes de couture.

Quand une école contient à la fois des garçons et des filles, on les réunit tous dans la même salle, parfois même on les assied sur les mêmes bancs; les maîtres ne trouvent pas d'inconvénients à ce que des enfants qui peuvent en toute liberté courir et jouer ensemble au dehors soient placés côte à côte pendant qu'ils sont sous leur surveillance.

Sauf dans les écoles rurales, aucun maître ni directeur n'est logé à l'école; celle-ci ne contient qu'un seul logement, d'une ou deux pièces, réservé au gardien.

Le mobilier a suivi les améliorations générales, les grandes tables à six ou huit places tendent partout à disparaître; des bancs pupitres à une ou deux places leur succèdent.

Il en est de même des importantes questions de chauffage et de ventilation; elles ont été étudiées et résolues, d'une façon nouvelle, à la fois heureuse et pratique.

Il existe en Suisse[1] 7000 écoles élémentaires; en moyenne une école par 380 habitants. Le nombre des écoliers qui fréquentent ces écoles est de 400,088 ; environ 57 pour chaque école et 1 pour 6 habitants.

Les dépenses publiques annuelles de l'instruction primaire, dans toute la confédération, sont de 3,900,000 francs; 2,100,000 francs proviennent de la rente des fonds communaux et cantonaux d'écoles; 700,000 francs de subsides de l'État; 1,100,000 francs des finances scolaires ou dons volontaires.

Dans tous les cantons, l'enseignement primaire est obligatoire : dans 3 cantons, les enfants doivent fréquenter l'école de 6 à 15 ans; dans un, jusqu'à 14 ans; dans 5 et dans 2 demi-cantons, de 6 à 13 ans; dans 3 demi-cantons, de 6 à 12 ans; dans 8 et dans 1 demi-canton, de 7 à 15 ans; et dans un canton et dans 1 demi-canton, de 7 à 12 ans; d'après la nouvelle loi du canton de Soleure, la fréquentation de l'école y est obligatoire jusqu'à l'âge de 18 ans.

L'enseignement primaire est gratuit dans les cantons de

1. *Bulletin de l'Institut national génevois*, Charles Menu. Genève, 1874.

Zurich, Glaris, Zug, Fribourg, Appenzell [1], Saint-Gall, Tessin, Valais, Neufchâtel et Genève. Dans les autres cantons, les élèves payent de 1 à 6 francs pour frais d'école, et cette taxe s'élève jusqu'à 22 francs à Soleure, 12 francs à Schaffouse, 10 francs dans les Grisons et l'Argovie, pour les enfants dont les parents ont de la fortune.

Ajoutons encore, avant de terminer ce court exposé, que les cantons de Bâle, de Schaffouse, d'Argovie, de Vaud, de Zurich, de Neufchâtel, de Genève, sont ceux dans lesquels les établissements scolaires sont les plus remarquables et les plus intéressants. Dans les villes importantes, les écoles de filles occupent des bâtiments neufs, tandis que les garçons ont été installés dans les anciens bâtiments modifiés et agrandis. Les écoles nouvelles sont plus confortables, mieux disposées; on a cru avec raison devoir les consacrer aux êtres plus faibles et plus délicats.

Il nous faut aussi rappeler que, bien que le système décimal monétaire ait été introduit en Suisse, les mesures encore actuellement en usage pour les longueurs et les surfaces sont le pied qui vaut $0^m,30$, et le pouce qui vaut $0^m,03$.

---

1. Dans le canton de Neufchâtel, les parents qui ne justifient pas d'une excuse valable sont, après une première absence de leur enfant, condamnés par le juge de paix à une amende de 2 francs. Deux absences entraînent une amende de 5 francs, une troisième, de 10 francs, puis vient la prison. Chaque jour, l'état des absents est dressé par le directeur et remis aux inspecteurs au moment de leur tournée.

I

DOCUMENTS OFFICIELS[1]

LÉGISLATION. — RÉGLEMENTS. — CIRCULAIRES
INSTRUCTIONS. — PROGRAMMES.

CANTON DE SCHAFFOUSE

RÈGLES A SUIVRE
POUR LA CONSTRUCTION D'UNE ÉCOLE[2]
(Du 4 février 1852)

A. — DISPOSITIONS GÉNÉRALES RELATIVES A LA CONSTRUCTION.

§ Ier. — Les communes devront, pour la construction de leurs écoles et logements de maîtres, se conformer au règlement du conseil cantonal des écoles, règlement indiqué ci-après et qui doit leur servir de guide au sujet des conditions à remplir.

§ II. — Les communes trop pauvres pour pouvoir suffire avec leurs seules ressources à la construction de leur école devront solliciter un secours du conseil supérieur.

---

1. Ces divers règlements ont, depuis l'époque de leur promulgation, été dans la pratique l'objet de quelques modifications de détail devenues nécessaires, par suite des progrès apportés depuis quelque temps dans les constructions scolaires.

2. *Reglement fur Schulhausbauten.*

§ III. — Il faut que l'emplacement destiné à recevoir les constructions soit examiné avec soin avant le commencement des travaux. L'étendue ainsi que l'estimation de la valeur du terrain sont soumises à l'examen du conseil cantonal des écoles.

§ IV. — Dans le cas où des observations seraient faites par le conseil cantonal au sujet du choix de l'emplacement destiné à l'école, la commune sera tenue de se conformer à ces observations, ou, s'il y a lieu, d'en appeler à l'examen du conseil supérieur.

B. — EMPLACEMENT DE LA MAISON D'ÉCOLE.

§ V. — La maison doit être élevée sur un terrain sec et salubre et autant que possible situé au centre de la commune.

§ VI. — Il faut, dans le choix de l'emplacement d'une école, éviter le voisinage des places, routes, ateliers ou usines, dont le bruit et l'odeur peuvent être une cause de gêne et de trouble. Une fontaine est nécessaire, soit à l'intérieur, soit à proximité de l'établissement.

C. — LA MAISON D'ÉCOLE.

§ VII. — Lorsque la chose est possible, il est nécessaire qu'une maison d'école rurale comprenne toujours un logement de maître.

§ VIII. — Un logement de maître se compose de :
Une cuisine;
Une chambre à coucher;
Deux cabinets;
Une salle;
Une cave;
Un bûcher, un grenier et des privés.

§ IX. — Une maison d'école ne contenant qu'une seule classe doit avoir la forme d'un carré long.

Une maison d'école contenant plusieurs classes doit, suivant la coutume, avoir son entrée principale et la cage de l'escalier au centre du bâtiment, puis une classe de chaque côté, de façon à ce que la largeur du bâtiment devienne la longueur de la classe.

Ordinairement les salles carrées sont de beaucoup les plus favorables pour le travail au tableau; il ne faut donc pas que les classes oblongues soient trop allongées, et il est nécessaire que leurs dimensions se renferment toujours dans la proportion de 32 parties de long sur 24 parties de large.

§ X. — Les lieux d'aisance doivent autant que possible être exposés au nord et les fosses être pourvues d'un conduit de ventilation dépassant le toit.

§ XI. — L'emploi des poêles à nervures de fer et à conduits de chaleur est recommandé, tandis que celui des poêles avec enveloppe métallique est formellement prohibé.

§ XII. — Le plancher bas du rez-de-chaussée doit être surélevé de 0^{m},90 au-dessus du point le plus haut du sol extérieur.

§ XIII. — Si la cave n'occupe pas entièrement le sous-sol du bâtiment, l'espace resté en terre-plein entre le sol et les solives doit être rempli de cailloux ou de gravois. Les solives doivent autant que possible être en chêne.

§ XIV. — Les conduits de fumée doivent monter d'aplomb du sol à la toiture, et afin d'aider à l'opération, il faut donner à ces conduits un léger évasement.

§ XV. — Les bois employés dans la construction des murs doivent rester *apparents* et recevoir une couche de peinture à l'huile. La couverture des combles doit être assez forte et solide pour pouvoir résister aux plus violents orages.

§ XVI. — Afin d'éviter à l'intérieur toute humidité, il faudra creuser autour de la construction à $1^m,20$ ou $1^m,40$ de distance un fossé auquel aboutiront des gouttières munies de descentes. L'espace ménagé en avant de l'entrée sera pavé ou garni de cailloux, et des décrottoirs seront placés de chaque côté de l entrée.

D. — LA CLASSE.

§ XVII. — La surface de la classe doit être suffisante pour contenir les sièges des élèves, celui du maître, les allées et passages, le poêle, les armoires, etc., soit enfin environ $0^m,90$ à 1 mètre par enfant de tout âge. Il faut augmenter cette moyenne pour une école qui contient plusieurs classes et aller dans ce cas jusqu'à $1^m,10$ pour les élèves les plus âgés.

§ XVIII. — La hauteur minimum de la classe doit être de $3^m,50$ ou $3^m,70$.

§ XIX. — La lumière la plus abondante doit arriver aux élèves du côté gauche et non du côté droit. Il faut également que sans crainte d'avoir une lumière trop vive, le dessus de la fenêtre atteigne le niveau inférieur du plafond.

§ XX. — La classe doit avoir la forme d'un rectangle ; l'espace réservé au maître doit être de $1^m,50$ à $1^m,80$, mesuré du bord de la table des élèves au nu du mur ; l'espace dans lequel est placé le poêle doit être de $1^m,20$ à $1^m,50$, mesuré du bord du dernier banc au nu du mur. Les passages latéraux longeant les murs doivent avoir de $0^m,60$ à $0^m,80$.

§ XXI. — La hauteur des fenêtres doit être de $1^m,50$ à $1^m,65$, et leur largeur de $0^m,90$ à $1^m,05$.

§ XXII. — Les fenêtres seront disposées de façon à pouvoir servir non seulement à l'éclairage, mais encore à la ventilation.

§ XXIII. — Les fenêtres des classes seront munies d'un double châssis vitré, et celles de ces fenêtres qui seront exposées au soleil recevront des jalousies ou des stores peints en vert.

§ XXIV. — Il faut veiller à ce que dans les classes qui reçoivent la lumière de deux côtés opposés les portes soient placées au milieu des petits côtés.

§ XXV. — Dans les classes dont il vient d'être question, la place des poêles est dans l'épaisseur du mur déjà percé par la porte. Ce poêle ne doit jamais faire aucune saillie dans la salle. Il est à remarquer qu'une telle disposition ne peut être adoptée pour les bâtiments contenant deux classes au même étage. Elle ne sera donc appliquée que lorsque la disposition des lieux le permettra.

§ XXVI. — Les classes, outre les bancs et les pupitres, devront encore renfermer une armoire scellée dans le mur, une chaire avec siège pour le maître, cette chaire pouvant se fermer à clef[1], puis les tableaux et instruments indiqués au § 41 du règlement général des Écoles.

E. — MOBILIER DES CLASSES[2].

§ XXVII. — Le mobilier scolaire se compose de tables à écrire qui doivent remplir les conditions suivantes :

a. Le banc destiné à des enfants de 7 à 8 ans doit avoir

1. Disposition qui heureusement n'est appliquée nulle part.

2. Cette partie du règlement n'est donnée ici qu'à titre de souvenir historique, les conditions qu'elle indique ayant été complètement modifiées depuis les récents travaux des docteurs Hiss et Guillaume.

0^m,36 de haut, le banc destiné à des enfants de 9 à 11 0^m,42, et 0^m,45 pour les enfants plus âgés ; leur largeur doit être de 0^m,18 à 0^m,21.

b. Il faut donner aux tables à écrire la forme d'un pupitre avec une inclinaison de 0^m,03 dirigée du côté de la poitrine de l'enfant, une inclinaison plus grande devient une gêne ; la largeur de ces pupitres varie de 0^m,33 à 0^m,39.

Le bord intérieur du pupitre ne doit pas être éloigné du bord intérieur du banc de plus de 0,045 à 0,075.

(Voir le tableau ci-dessous.)

TABLEAU JOINT AU RÈGLEMENT RELATIF A LA CONSTRUCTION
DES ÉCOLES.

Dimensions à donner au mobilier d'une école de quatre classes.

CLASSES.	MEUBLES.	LARGEUR DES			HAUTEUR DES	
		Tables non compris le rebord.	Bancs.	Intervalles.	Tables.	Bancs.
I — 1re et 2e années d'école.	Siège	0,345	0,18	0,045	0,630	0,360
I — Élèves de 7 à 8 ans. . .	Pupitre	0,465	0,27	0,285	1,040	0,690
II — 3e et 4e années d'école. . .	Siège	0,360	0,19	0,0525	0,660	0,390
II — Élèves de 9 à 10 ans.. .	Pupitre	0,465	0,27	0,285	1,040	0,690
III — 5e et 6e années d'école. . .	Siège	0,375	0,21	0,060	0,697	0,420
III — Élèves de 11 à 12 ans. . .	Pupitre	0,465	0,27	0,285	1,040	0,690
IV — 7e et 8e années d'école. . .	Siège	0,395	0,21	0,075	0,735	0; 41 0.450
IV — Élèves de 13 à 14 ans. . .	Pupitre	0,465	0,27	0,285	1,040	0,690

Il est généralement admis que les bancs et les tables destinés aux filles ont des dimensions un peu moindres que celles ci-dessus.

Les dimensions précédemment indiquées pourront être également en usage dans les écoles renfermant une, deux, trois classes; il suffira dans ce cas de prendre pour point de départ les indications relatives aux différents âges des enfants.

Il est nécessaire de donner aux points d'appui des pupitres une forme très-échancrée propre à faciliter l'entrée et la sortie des élèves. On place à $0^m,06$ ou $0^m,09$ au-dessous du pupitre une planche munie d'un rebord sur laquelle l'enfant peut déposer ses livres.

Les encriers, fermés par un couvercle, se logent sur les parties planes du dessus du pupitre.

La distance des encriers les uns des autres se calcule ainsi : le premier encrier est à $0^m,45$ de l'extrémité de la table en allant de gauche à droite, le second et les suivants à $0^m,36$ de ceux qui précèdent, de sorte que si on mesure $0^m,45$ par enfant, deux enfants placés côte à côte peuvent puiser dans le même encrier. Il est nécessaire que les plus grands élèves aient chacun un encrier consacré à leur usage particulier.

En avant des encriers doivent être réservées des rainures destinées à recevoir les crayons, canifs, plumes, etc...

§ XXVIII. — Les dimensions de la classe déterminent la façon dont les bancs seront placés dans cette classe.

Si la classe est très-large, on pourra ménager un passage central de $0^m,60$ de large et deux passages latéraux le long des murs. Si la largeur de la classe ne permet qu'un seul passage, ce passage sera réservé au centre et les bancs poussés jusqu'auprès du mur. Si deux passages sont possibles, ils seront ménagés le long des murs.

§ XXIX. — En plaçant les bancs des élèves il faut veiller à ce que la lumière leur arrive de gauche à droite. Entre deux rangs consécutifs de sièges doit être ménagé un passage suffisant pour permettre au maître d'examiner de près le travail de chaque élève sans être obligé de les troubler tous.

CANTON DE ZURICH.

RÉGLEMENT RELATIF A LA CONSTRUCTION DES ÉCOLES[1].

(26 juin 1861).

ARTICLE Ier. — *Emplacement. — Situation. — Abords de la maison d'école.*

§ 1. — L'école doit s'élever dans un lieu salubre, à l'abri de l'humidité et dans un terrain libre et découvert.

§ 2. — Il faut dans le choix de l'emplacement destiné à une maison d'école avoir soin d'éviter le voisinage des routes, des ateliers bruyants ou la proximité d'établissements dont l'odeur est désagréable.

§ 3. — L'école doit le plus possible être rapprochée de la demeure des élèves.

§ 4. — Les dépendances d'une école comprennent une cour large et spacieuse pour les exercices physiques; dans cette cour doit se trouver une fontaine.

---

1. *Verordnung betreffend die Erbauung der Schulhauser.*

Il est également à désirer qu'un jardin réservé à l'instituteur soit ménagé auprès des bâtiments.

Les inspecteurs des écoles veilleront à ce que dans les écoles déjà construites, satisfaction soit donnée à ces exigences.

Article II. — *Des locaux nécessaires et de leur aménagement.*

§ 5. — Les locaux nécessaires à l'enseignement sont une classe distincte pour chaque division à la tête de laquelle se trouve un maître, une salle d'étude et un vaste espace clos et couvert réservé aux leçons données en commun.

Plusieurs classes peuvent être réunies pour se livrer ensemble à des exercices gymnastiques. L'administration chargée de diriger une série de classes peut également, si la chose ne lui paraît présenter aucune difficulté, laisser les mêmes locaux employés à des enseignements différents.

§ 6. — Chaque classe doit offrir une surface en rapport avec le nombre des enfants qu'elle est destinée à contenir; des passages suffisants pour assurer la circulation des élèves et la surveillance du maître; un espace libre devant le tableau et l'estrade, et enfin l'emplacement nécessaire à une armoire et à une table à tiroirs pour le maître.

§ 7. — En principe toute classe doit avoir la forme d'un rectangle mesurant deux parties en largeur et trois en longueur.

§ 8. — Dans les classes ordinaires les fenêtres doivent être percées dans les deux côtés longs, et autant que possible au nord et au midi; au milieu d'un des petits côtés ainsi privés de fenêtres se trouvera la chaire du professeur, avec un tableau de chaque côté; la face opposée enfin est réservée à la porte d'entrée avec l'armoire d'un côté, la porte de l'autre.

§ 9. — L'espace ménagé en face des tableaux doit être de 1ᵐ,50 de largeur; il faut donner 0ᵐ,90 de largeur au passage du milieu et à ceux longeant les murs. Dans les grandes écoles, le passage qui conduit de la porte au bureau du maître, et qui sépare les garçons des filles, doit avoir 1ᵐ,20 de largeur.

Dans les classes éclairées de trois côtés, les bancs doivent être disposés sur trois rangs avec deux passages au milieu et deux sur les côtés aboutissant au mur non percé de fenêtres.

§ 10. — L'installation du mobilier est soumise aux règles suivantes :

a. La largeur de la table doit être de 0ᵐ,45, dont 9 restent horizontaux afin de recevoir l'encrier que ferment des coulisses mobiles. Sous la table est un rayon de 0ᵐ,27 de largeur sur lequel les élèves déposent leurs livres. La hauteur de la table, mesurée du sol à la planche des encriers, est de 0ᵐ,84 à 1ᵐ,02, suivant la taille des élèves.

b. — Une distance de 0ᵐ,75 doit être réservée entre l'extrémité du banc et le bord antérieur de la table. La hauteur des bancs, mesurée depuis le sol et y compris l'épaisseur de la planche, doit être de 0ᵐ,54 à 0ᵐ,66, sa largeur de 0ᵐ,30. La table et le banc devront être réunis.

c. — Chaque enfant doit être éloigné de la table placée derrière lui d'au moins 0ᵐ,45.

d. — Le passage entre deux tables doit avoir 0ᵐ,24.

e. — Sous chaque table doit se trouver une traverse sur laquelle les enfants reposent les pieds.

f. — Chaque banc doit avoir un dossier; quand ce dossier ne sera pas fermé par un mur ou par le devant d'une table, ce qui arrivera aux bancs extrêmes, il devra être établi pour ces bancs des dossiers particuliers.

§ 11. — Si une école désire avoir pour ses classes un mobilier différent du mobilier réglementaire, et consistant, par exemple, en sièges isolés avec dossiers élevés, elle doit demander l'autorisation de faire ce changement à l'administration de la circonscription, juge de l'opportunité du changement proposé et de l'intérêt qu'il peut offrir au double point de vue de l'instruction et de la santé des enfants.

§ 12. — Les dimensions de la classe se trouvent déterminées par les prescriptions des § 9 et 10, ainsi que par celles qui suivent.

a. Classe de 25 à 50 élèves. — Douze bancs à 4 places placés sur 6 doubles rangs recevront 48 élèves. Ces six rangs, avec 4 passages, occuperont $5^m,50$, auxquels il faut ajouter l'espace devant le tableau, le passage entre les rangs, soit $3^m,60$. La longueur totale de la classe est donc de $9^m,10$.

La longueur d'un double rang de bancs occupant chacun 8 places est de $3^m,60$; en ajoutant $2^m,70$ pour les passages, on trouve $6^m,30$ pour la largeur totale de la classe.

Une classe de 48 élèves ayant $9^m,10$ de longueur et $6^m,30$ de largeur aura donc de surface totale $57^m,33$.

b. Classe de 50 à 75 élèves. — Sept doubles rangs de bancs contenant chacun 10 élèves, soit en tout 70, exigent avec les passages 6 mètres, auxquels il faut ajouter l'espace à réserver devant le tableau et le passage extrême, soit $3^m,60$. La longueur de la salle sera donc de $9^m,60$.

La longueur d'un double rang de bancs à 10 places est

de 4ᵐ,50, auquel il faut ajouter 2ᵐ,70 pour les passages, ce qui donne pour la largeur de la classe 7ᵐ,20.

Une classe de 70 élèves ayant 9ᵐ,60 de long et 7ᵐ,20 de large aura donc 69ᵐ,12 de surface.

c. Classe de 75 à 100 élèves. — Huit doubles rangs de bancs contenant chacun 12 places, soit en tout 96, exigent, avec les passages intermédiaires, 7ᵐ,60, auxquels il faut ajouter, pour l'espace à réserver en avant et pour le passage extrême, 3ᵐ,60, soit 11ᵐ,20 en tout pour la longueur de la salle.

Un double rang de bancs pour 12 élèves, à 5ᵐ,40 de long, non compris les passages intermédiaires, soit, en tout, 8ᵐ,10 pour la largeur de la salle.

Une classe de 96 élèves ayant 11ᵐ,20 de long et 8ᵐ,10 de largeur aura donc 90ᵐ,70 de surface totale.

Les administrations se préoccupant de la reconstruction de leurs écoles se conformeront aux indications qui précèdent. Elles ne perdront également pas de vue que leurs projets doivent prévoir l'accroissement du nombre d'élèves des écoles, et qu'il ne faut, par conséquent, pas se contenter de la surface strictement nécessaire.

Les écoles dont le nombre d'élèves atteint 100, doivent être divisées en deux classes.

§ 13. — La hauteur d'une classe doit être d'au moins 4 mètres dans les constructions neuves. Cependant une école, construite sur un lieu élevé ou occupant une situation lui permettant de recevoir une grande quantité d'air extérieur, peut voir la hauteur de ses classes réduite à 3ᵐ,50.

§ 14. — Les fenêtres doivent avoir au moins 1ᵐ,80 de hauteur et 1ᵐ,20 ou 1ᵐ,50 de largeur ; l'espace entre les

montants et les moulures des fenêtres ne doit pas dépasser o^m,15.

§ 15. — Dans toute classe, les fenêtres latérales doivent
être à châssis mobile et les fenêtres de face à châssis ouvrant.

Aʀᴛ. III. — Logements de maîtres[1].

§ 16. — A chaque école est annexé un logement de
maître. Le conseil d'instruction publique peut toutefois,
pour des raisons dont il est juge, autoriser des exceptions.

Un logement de maître se compose de :

a. — Une salle spacieuse avec une pièce contiguë;

b. — Une cuisine;

c. — Deux chambres à coucher (dont une au moins
parquetée);

d. — Un dépôt;

e. — Une cave;

f. — Un bûcher ;

g. — Des privés.

§ 17. — En principe, les logements de maîtres doivent
être habités par les maîtres eux-mêmes ; cependant ils peuvent être sous-loués dans les cas suivants :

1° Par l'administration supérieure de l'école ;

a. — Si l'habitation est disposée à l'avance dans une
école non encore prête à être occupée ;

b. — Si le logement n'est pas conforme aux prescriptions du § 16 et qu'un certain laps de temps doive s'écouler
avant son appropriation définitive.

2° Par le maître :

---

1. Les écoles rurales seules contiennent encore des logements de
maîtres.

a. — S'il est célibataire ou tient une pension,

b. — Quand il peut accomplir sa tâche, tout en habitant une propriété particulière appartenant à lui ou à sa famille ;

c. — S'il est obligé d'abandonner sa demeure officielle pour des raisons de santé.

§ 18. — La location d'un logement scolaire consentie par un maître n'est, du reste, valable qu'après l'approbation du conseil des écoles.

Dans les cas *a* et *b* du § 7, le loyer profite à la commission des écoles ; mais elle doit, dans ce cas, tenir compte au maître d'une indemnité de loyer. Dans tous les autres cas, le loyer reste acquis au maître.

§ 19. — Dans tous les cas, la location n'est consentie qu'aux conditions suivantes :

a. — Le bailleur ne peut louer à aucun locataire exerçant un métier pouvant troubler le travail de l'école.

b. — Le locataire doit justifier d'un certificat du conseil communal attestant son honorabilité, ses habitudes d'ordre et de propreté.

c. — La location ne peut être faite pour plus d'un trimestre.

d. — Le maître ne pourra louer qu'avec l'autorisation de l'administration de l'école, autorisation approuvée par le conseil du district. Cette autorisation sera retirée toutes les fois que les intérêts de l'école l'exigeront.

e. — Le locataire est responsable de tous les dégâts résultant de l'usage des lieux qu'il occupe.

Art. IV. — *Des privés.*

§ 20. — Lorsque les privés ne pourront être établis

dans un bâtiment attenant à l'école, ils le seront dans une galerie ou un corridor, là où il sera le plus facile de les placer en les tournant au nord et en les distinguant des autres bâtiments.

§ 21. — Le nombre des cabinets a été fixé à deux pour les petites écoles, et à quatre pour les grandes. Ils doivent être distincts pour les garçons et les filles.

Dans les écoles ne comprenant pas de logements de maître, une salle doit être réservée à l'usage exclusif des maîtres pendant leur séjour à l'école.

§ 22. — Afin d'empêcher les mauvaises odeurs de se répandre, un tuyau de ventilation doit aller de la fosse au-dessus des cabinets.

Art. V. — *Du chauffage.*

§ 23. — Le chauffage s'effectuera au moyen de poêles en briques, munis de conduits de chaleur. On emploiera de préférence les poêles de forme cylindrique en tôle avec revêtement de briques.

§ 24. — Le diamètre des conduits de chaleur sera d'au moins $0^m,27$. Les cheminées seront montées verticalement jusqu'à 2 mètres au-dessus de leur ouverture, et à partir de ce point se rétréciront en pyramide.

§ 25. — Les dépôts de combustibles seront placés à l'intérieur de la maison d'école.

Art. VI. — *De la distribution des bâtiments scolaires.*

§ 26. — Dans les maisons d'école sans logements, on pourra placer le vestibule sur le petit côté du bâtiment exposé au nord. Sur ce vestibule s'ouvrira la porte de la classe, la cage de l'escalier et les privés, dans le cas où ils n'auraient pas trouvé place dans un bâtiment voisin.

§ 27. — Dans les maisons d'école pourvues d'un logement de maître, la classe sera au rez-de-chaussée et le logement au premier étage.

§ 28. — Dans les maisons d'école comprenant deux classes et deux logements, les classes seront placées au rez-de-chaussée et les logements au premier. On pourra cependant établir une classe et un logement à chaque étage.

Art. VII. — *Du mode de construction et des matériaux à employer.*

§ 29. — Le plancher du rez-de-chaussée doit être élevé de $0^m,60$ centimètres au moins au-dessus du sol extérieur.

§ 30. — Les parties de bâtiments sous lesquelles il n'existera pas de caves seront, dans l'intervalle séparant le sol du plancher, remplies de pierres brutes ; on n'emploiera jamais de bois pour la construction de ces premiers planchers.

§ 31. — Les fondations des bâtiments reposeront autant que possible sur le sol. Dans les terrains marécageux, on enfoncera des pilotis sur lesquels s'élèveront les murs construits de la façon la plus solide.

§ 32. — Les murs mitoyens seront montés avec la même épaisseur des fondations au comble. Ils doivent reposer sur une maçonnerie pleine; aussi faut-il éviter les colonnes de fer, de bois, ou les piles de pierres.

§ 33. — Les solives ne doivent pas être montées directement sur le sol, mais autant que possible elles doivent en être séparées par des points d'appui en chêne.

§ 34. — Les murs de refend doivent reposer sur de solides fondations. Si l'emploi des murs montant de fond est impossible, il faudra employer des colonnes de fonte de $0^m,09$ à $0^m,15$ de diamètre. Lorsque ces murs reposeront sur des poutres creuses (poitrails), elles devront avoir une construction spéciale; si ces poitrails sont en bois, ils devront être boulonnés.

§ 35. — Si ces murs de refend reposent sur des points d'appui placés dans la hauteur des caves, il faudra placer sous ces points d'appui des dés en pierre de dimensions suffisantes.

§ 36. — Le rez-de-chaussée, au moins, doit être construit en maçonnerie.

§ 37. — Le plancher de l'étage du logement ne doit être posé qu'après que la maçonnerie est complètement sèche.

§ 38. — Afin de protéger les fenêtres, il sera utile de les abriter au moyen d'une saillie ayant $0^m,18$ si elle est en ardoises, et $0^m,06$ si elle est en pierres.

§ 39. — Des persiennes sont nécessaires dans toutes les chambres à coucher, ainsi que dans les pièces habitées. Afin de défendre les habitants contre les grandes chaleurs ou la trop vive lumière, il faudra munir les fenêtres de stores ou de jalousies.

§ 40. — La tuile est le mode de couverture qu'il est préférable d'adopter.

§ 41. — Lorsque cette toiture sera en ardoises, les ardoises devront être fixées sur les chevrons au moyen d'agrafes qui empêcheront le vent d'en soulever les extrémités.

§ 42. — Le bord du toit sera muni de gouttières et de

descentes aboutissant au sol, de façon à diriger au loin les eaux fluviales. Il ne faut pas non plus négliger l'établissement de paratonnerres.

§ 43. — Les escaliers devront, aussi larges que possible, avoir les marches douces et les perrons extérieurs munis de chaque côté d'une rampe.

§ 44. — L'espace réservé autour des bâtiments doit être pavé en pierres dures. Il faut apporter beaucoup de soin au pavage exécuté devant l'entrée.

Art. VIII. — *Du choix de l'emplacement de l'école.*

§ 45. — L'administration des écoles communales et le comité des écoles choisissent, de concert, l'emplacement destiné à la construction d'une école, et soumettent leur choix au conseil des écoles du district. Si l'emplacement proposé [1] n'est pas accepté par le conseil du district, le comité des écoles doit immédiatement indiquer un autre emplacement ; s'il persiste dans son premier choix, une commission spéciale, nommée par l'administration des écoles, est chargée de faire de nouvelles propositions. La commune est, dans ce cas, tenue de délibérer de nouveau, afin de prendre une décision trois semaines au plus tard après la première réunion.

Dans le cas où cette délibération ne donnerait pas de résultat, l'administration des écoles aurait à se réunir une

---

1. La question du choix de l'emplacement de l'école ne s'entend pas ici du choix du terrain, mais, comme les écoles suisses sont souvent communes à plusieurs hameaux, elle doit s'entendre du choix de celui de ces hameaux dans lequel s'élèvera l'école. On comprend les rivalités de clocher que soulève une question de cette nature, et combien sont importantes les formalités à remplir en pareil cas, afin d'assurer un heureux choix et éviter toute récrimination ultérieure.

dernière fois, dans un délai de six semaines ; si cette dernière réunion ne donnait pas de solution, l'administration des écoles portera le conflit devant le conseil du district. Les différents emplacements proposés seront examinés en tenant compte des observations présentées pour chacun, et le jugement définitif sera ratifié par le conseil supérieur de l'instruction publique.

§ 46. — Les conclusions du rapport du conseil des écoles relatif au choix de l'emplacement destiné à la construction, et le projet de la construction elle-même, sont soumis à l'administration des écoles du district. On peut attaquer sa décision en dernier ressort devant le conseil supérieur de l'instruction publique.

§ 47. — La construction des maisons d'école doit, autant que possible, être faite conformément aux indications qui précèdent.

Dans le cas où le choix de l'emplacement entraînerait une dérogation aux instructions administratives, il y aurait lieu d'en donner avis à l'administration des écoles du district.

ART. IX. — *Établissement de la dépense. — Part contributive de l'État.*

§ 48. — La répartition entre la commune et l'État de la dépense de construction d'une école s'établit en prenant pour base les évaluations approuvées par le comité des écoles et l'administration communale. Il faut, comme justification de la dépense, joindre le décompte aux autres pièces.

§ 49. — Dans ce décompte doivent être séparés et évalués à part :

a. — Le prix d'achat du terrain avec l'indication de sa

surface, le mode de construction étant donné à titre de renseignement ;

b. — La dépense occasionnée par les remblais ou déblais et les terrassements ;

c. — La dépense de défrichement, d'enlèvement de pierres et de sable ;

d. — Les frais de transport des matériaux au lieu d'emploi ;

e. — Les frais de surveillance et de direction des travaux ;

f. — L'intérêt des capitaux engagés.

§ 50. — Le décompte doit comprendre une description du bâtiment avec l'indication de toutes les pièces qu'il contient, et les renseignements faisant connaître ;

a. — Le montant de l'évaluation fixée par l'administration des écoles du district pour la valeur de l'école actuelle, avant qu'aucune modification ne lui ait été apportée ;

b. — Les surfaces qui ne sont pas consacrées au service de l'école ou qui sont consacrées à une école secondaire, ainsi que la dépense à laquelle elles ont donné lieu ;

c. — Les contributions générales et volontaires, ainsi que les legs faits en faveur de l'école et le montant des fonds nécessaires à l'exécution des travaux.

§ 51. — Il faut, en outre, pour avoir droit à l'allocation d'un secours, produire les pièces faisant connaître :

a. — L'état de situation des ressources de la commune ;

b. — L'état des contributions payées par les habitants ;

c. — Le montant général de la dépense à effectuer ;

d. — Le nombre de maisons et d'habitants ;

e. — Les charges extraordinaires imposées à tous les habitants de la commune.

§ 52. — L'administration des écoles du district, après avoir reçu les pièces jointes à la demande, conformément aux § 49-50, examine ces pièces et adresse à la direction de l'instruction un rapport dans lequel elle approuve le projet ou le reconnaît incomplet et incorrect, et le renvoie pour qu'il soit tenu compte de ses observations.

§ 53. — L'administration des écoles du district donne, en outre, son avis sur le mode de construction de l'école, la surface des salles de la nouvelle école, et la situation de l'ancienne.

§ 54. — La direction de l'instruction examine ces divers éléments, et, une fois fixée sur leur valeur, elle adresse au conseil du canton une proposition d'allocation de secours sur les fonds de l'État. Le secours accordé est en proportion avec la situation pécuniaire des communes.

CANTON DE VAUD.

EXTRAIT DU RÈGLEMENT RELATIF A LA CONSTRUCTION DES ÉCOLES PRIMAIRES ET SECONDAIRES.

(7 juillet 1865.)

DES SALLES D'ÉCOLE ET DE LEUR MATÉRIEL.

ART. 10. — Les salles d'école doivent être suffisamment éclairées, saines, et d'une étendue proportionnée au nombre des écoliers. L'espace occupé par les bancs et les tables sera tel que chaque élève ait au moins $1^m,35$. Les couloirs seront assez larges pour que le maître puisse, durant tous les exercices, circuler autour de la salle sans déranger les écoliers.

La hauteur de la salle doit être d'au moins 3^m,70.

Art. 11. — Les salles d'école doivent être garnies de tables et de bancs en nombre proportionné à celui des élèves.

Les tables doivent, autant que possible, avoir la forme de pupitres à un seul plan incliné, être garnies d'encriers et avoir 0^m,54 de largeur.

Les bancs doivent être reliés aux tables, avoir de 0^m,24 à 0^m,30 et être scellés au plancher.

La hauteur des bancs et des tables doit, autant que possible, être proportionnée à la taille des élèves.

Art. 12. — Le pupitre ou la table du régent sera toujours placé en face des élèves et assez élevé pour que le régent puisse, assis, voir toute la classe.

Art. 13. — Les tables et les bancs seront disposés de manière à ce que les enfants n'aient pas le jour en face.

Art. 14. — En dehors de la classe, et près de l'entrée, ou si cela n'est pas praticable, dans la salle même et dans une partie du mur, à la hauteur des élèves, on placera des chevilles ou des clous auxquels les enfants suspendront, en entrant dans les classes, leurs chapeaux, bonnets ou autres vêtements.

Art. 15. — Dans un local attenant à la classe ou dans la classe elle-même, si elle est assez vaste, doivent se trouver des armoires destinées à serrer les cahiers, livres, dessins, plumes et autres objets que les enfants n'emportent pas chez eux pour leurs travaux particuliers.

Art. 16. — Chaque école doit être pourvue des objets suivants :

1° Un tableau indiquant pour chaque jour l'ordre de la distribution des leçons et des exercices matin et soir : ce tableau doit être placé de façon à être facilement lu par les élèves ;

2° Un tableau du règlement de l'école, c'est-à-dire des principaux devoirs des enfants à l'école : ce tableau doit être placé dans les mêmes conditions que le précédent ;

3° Une ou plusieurs ardoises ou tableaux noirs suspendus au mur ou bien placés sur des chevalets mobiles et munis d'éponges et de crayons ; sur un des côtés du tableau noir doivent être tracées des portées pour l'enseignement de la musique ;

4° Des tableaux de lecture et de calcul, des modèles d'écriture et d'arithmétique, des ardoises et des touches ;

5° Un globe terrestre ou une mappemonde, des cartes des quatre parties du monde, une carte de la Suisse, une du canton de Vaud et une de la Palestine ;

6° Divers objets pour l'exposition élémentaire des sciences naturelles ;

7° Des livres élémentaires et autres ouvrages dans lesquels les objets d'enseignement seront traités d'une manière plus développée et plus claire que dans les leçons de l'école.

Ces livres formeront une petite bibliothèque à l'usage des enfants, soit pour le travail de l'école, soit pour des lectures faites à domicile, suivant les règles établies à ce sujet. La Bible, la Constitution cantonale et la Constitution fédérale en feront nécessairement partie.

8° Une instruction ultérieure indiquera les autres objets dont l'acquisition pourrait être utile à l'école.

Art. 17. — Le département de l'instruction publique

et des cultes facilitera aux communes peu aisées l'acquisition de ces objets.

ART. 18. — Chaque écolier devra être pourvu de plumes, de crayons, de règles, de papier et de livres·nécessaires
à son instruction.

Les commissions prendront les mesures nécessaires pour
faciliter aux écoliers l'acquisition de ces objets.

Chaque commune fournit gratuitement aux enfants de
ses bourgeois[1] pauvres les objets dont ils ont besoin pour
l'école. (Loi d'instruction publique, art. 27.)

S'il s'agit d'enfants non bourgeois, la commission des
écoles, après s'être adressée d'abord aux parents, écrit à la
commune et lui fixe un délai de 20 jours pour fournir ces
objets. Si dans ce délai la commune n'a pas répondu ou
s'est refusée à remplir ses obligations, la commission s'adresse
au département de l'instruction publique et des cultes, qui
pourvoit à l'accomplissement de l'obligation imposée.

La municipalité peut, après que la commission s'est
adressée sans succès aux parents reconnus pauvres, faire
l'avance des fournitures scolaires et en exiger le rembour-
sement de la commune d'origine[2].

ART. 19. — La salle d'école sera pourvue des moyens
de chauffage suffisants et ne présentant aucun danger, ni
pour le bâtiment, ni pour la santé des enfants.

ART. 20. — Les salles d'école ne devront servir à aucun
autre usage que celui auquel elles sont destinées, sans l'autorisation de la commission d'inspection.

Il n'est rien dérogé par cet article en ce qui est actuelle-

---

1. C'est-à-dire ayant droit de bourgeoisie. (F. N.)
2. Ces divers détails montrent les soins minutieux que prend la
Suisse pour donner à tous ses enfants l'instruction nécessaire. (F. N.)

ment pratiqué dans les communes où la salle d'école sert à quelques offices de l'Église nationale.

Il est interdit au régent d'employer la salle d'école à aucun usage domestique ou autre concernant les besoins de son ménage.

ART. 21. — La salle d'école ne peut jamais, sous aucun prétexte, servir de salle à boire ou à danser. La municipalité, les commissions des écoles et le régent sont tenus, chacun de leur côté, de faire immédiatement connaître à l'inspecteur toutes les infractions à cette règle.

Tous ceux qui auront contrevenu aux dispositions de cet article seront dénoncés au préfet et punis d'une amende qui ne pourra excéder 15 francs.

CONSTRUCTION ET HYGIÈNE DES ÉCOLES[1].

« La question des bâtiments scolaires est intimement liée à celle de l'hygiène scolaire, et celle-ci, à son tour, est en relation étroite avec l'instruction et l'éducation. Il y aurait donc, pour traiter la question sous toutes ses faces, à parcourir un bien vaste champ d'études.

« Afin de ne pas être entraîné trop loin, il faut nous borner à examiner quelles conditions un bâtiment d'école primaire doit remplir pour satisfaire aux exigences de salubrité, de sécurité, de moralité, d'hygiène et de bonne distribution, dans le but de faciliter soit la tâche de l'instituteur ou de l'institutrice, soit celle des enfants.

« Il suffit de parcourir certains villages du canton pour avoir une idée de ce qu'étaient les bâtiments d'école jusqu'à ces dernières années. En général, l'école était le plus mauvais

1. M. de Saint-Georges, architecte. Lausanne, Bridel, 1875.

bâtiment du village, abritant souvent à la fois la pompe à
feu et deux ou trois pauvres vieux indigents que la charité
municipale y logeait, faute d'un autre local. Un paysan
avouait, il y a quelques années, qu'il serait bien fâché de
mettre ses vaches dans le local de l'école, à cause de l'extrème
humidité qui y régnait : « Ça pourrait leur donner des dou-
leurs, disait-il, mais les enfants sont plus robustes! » Dans
quelques localités, l'école et la forge du village se touchent,
et trop souvent de gros tas de fumier exhalent leurs vapeurs
ammoniacales jusque sous les fenêtres de la classe. Ce triste
tableau n'est point chargé ; le public est, hélas! si habitué
à cet état de choses, qu'il n'en est même plus frappé.

« L'emplacement du bâtiment scolaire est donc la première
chose à laquelle les autorités municipales et les ingénieurs
ou architectes doivent donner leur attention ; il va sans dire
que le terrain doit être sec ou parfaitement asséché ; de plus,
l'école doit, autant que possible, être isolée d'autres bâtiments,
tant en vue de la salubrité qu'à cause du jour qui doit,
sans entraves, pénétrer dans les salles. Les grands arbres
plantés très-près de l'école ont aussi leurs inconvénients, tant
à cause du jour qu'ils obstruent que de l'humidité qu'ils
procurent.

« L'orientation du bâtiment est d'une certaine importance.
Il faut que la lumière vienne de gauche à droite pour l'enfant
qui écrit ; il faut aussi que celui-ci profite le plus longtemps
possible du jour ; de plus, il faut que la grande face du bâtiment soit, si faire se peut, exposée au sud-est, afin de permettre au soleil de frapper pendant la plus grande partie de
l'année sur trois des faces du bâtiment.

« Les matériaux de bonne qualité sont si faciles à se procurer en Suisse, qu'il n'est besoin d'en parler ici que pour

mémoire. Il faut cependant faire une exception pour les grès ou mollasses, qui doivent être interdits dans les fondations, à cause de leurs qualités hygroscopiques, et pour la brique, dont la fabrication défectueuse et le haut prix excluent l'emploi dans les murs extérieurs.

« Il faut éviter, comme dans les maisons particulières, que l'entrée de l'école ne donne directement en plein air, soit à cause de la chaleur, soit parce qu'un vestibule est indispensable, et tient lieu du vestiaire dans lequel les enfants peuvent pendre leurs vêtements.

« Pour les écoles où plusieurs classes existent dans des salles et à des étages différents, il vaut mieux placer les plus jeunes enfants au rez-de-chaussée, afin d'éviter les accidents si fréquents et si dangereux qu'occasionnent les escaliers. Ces escaliers doivent avoir leurs rampes munies, tous les deux mètres au moins, de pièces brisant l'uniformité de cette rampe, et empêchant efficacement les glissades auxquelles les jeunes garçons aiment tant à se livrer.

« Les portes à deux battants sont préférables aux portes à un seul battant partout où la place le permet, et cela parce que, par leur largeur, elles laissent sortir les enfants plus rapidement, puis aussi parce que, lors du nettoyage journalier de la classe, elles livrent un accès plus libre à l'air et permettent à la poussière de s'envoler plus facilement.

« Ceci est surtout vrai si l'on adopte un système de fenêtres dont la partie inférieure est fixe, et dont la partie supérieure seule peut s'ouvrir. Il est préférable de placer l'appui des fenêtres un peu haut, bien que des auteurs fort compétents soutiennent l'avis contraire [1], et cela pour plusieurs raisons.

---

1. Voir *Les Écoles publiques en Belgique.*

Les élèves n'auront pas la tentation de regarder ce qui se
passe au dehors, et ne lèveront pas le nez à chaque chat qui
passe, si le bord inférieur de la fenêtre est à $1^m,20$ du plancher
au minimum. De plus, la lumière venant d'en haut est plus
pure et moins sujette à être diminuée par des objets situés
près du bâtiment, tels que arbres, arbustes, petites constructions, etc. Il y a aussi moins de chance de bris de vitres;
enfin, si un filet d'air se fraye un chemin au travers des
joints de la menuiserie, les enfants assis tout près des
fenêtres en seront garantis, ce qui n'est pas le cas avec les
fenêtres de hauteur habituelle.

« Toutes les fenêtres doivent être munies de stores à rou-
leau, afin de pouvoir préserver les yeux d'une lumière trop
ardente, fort nuisible. Il importe de les prendre d'une
couleur claire et peu éclatante; le bleu, le vert et le gris
sont ce qui vaut le mieux. Il ne faut jamais employer de la
toile blanche ou jaune. Quant à l'emplacement des fenêtres
par rapport à la disposition des bancs, il est important que
le jour vienne de gauche à droite; en aucun cas, il ne devra
y avoir de fenêtres dans le mur contre lequel regardent les
élèves.

« Quant aux parois de la salle, le mieux est de les peindre
à l'huile sur une couche de plâtre, en se servant pour cela
d'une couleur vert-clair; teinte préférable pour les yeux
des enfants, en même temps cette peinture permet de laver
à l'éponge les parois quand elles sont sales, ou quand en
temps d'épidémie il faut purifier complètement la salle. Ce
système, quoique plus cher que la peinture à la détrempe,
lui est infiniment préférable; avec la détrempe on tache
beaucoup planches et bancs toutes les fois qu'il faut
renouveler la peinture, et les murs se salissent beau-

coup plus vite que lorsqu'ils sont enduits d'une couche d'huile. »

MÉMOIRE PRÉSENTÉ AU NOM DE LA COMMISSION SPÉCIALE D'HYGIÈNE ET DE SALUBRITÉ DES ÉTA-BLISEMENTS SCOLAIRES, PAR LE DOCTEUR W. HISS, SON PRÉSIDENT [1].

(10 octobre 1870.)

Exposé. — La commission [2] devait exclusivement s'occuper de la disposition à donner aux écoles au point de vue de l'hygiène, et comme conséquence étudier le mode de construction et d'installation des locaux, en laissant de côté toutes les questions relatives à l'enseignement, telles que la durée des classes, la manière d'enseigner et les conditions d'âge et de travail.

But de la commission. — La mission qui incombait à la commission se réduisait donc 1° à indiquer les principes d'hygiène et de salubrité utiles à la construction et à l'installation des écoles; 2° à constater les vices que présentent les écoles actuelles, et à indiquer les moyens propres à y remédier.

Différents points à examiner. — Les points qui ont été

1. *Gutachten der Special-Commission, für Schulgesundheitspflege und Bericht über den gegenwartigen Stand der Schulbankfragein Basel, erstattet von W. Hiss, Präsident.* Basel, 1871. Baur.

2. Membres de cette commission : MM. Ed. Hagenbach, Fechter, architectes; W. Jeuny-Otto et Friedr. Isclin, maîtres d'écoles; Carl Burckhardt, conseiller; Calame, inspecteur des bâtiments; Dr Göttisheim, secrétaire.

examinés dans le but de remplir cette double mission sont les suivants : indiquer,

1° *Les conditions que doit remplir l'emplacement destiné à recevoir une maison d'école;*

2° *Les dimensions les plus convenables à donner aux salles;*

3° *La distribution de la lumière et l'éclairage;*

4° *La ventilation;*

5° *Le chauffage;*

6° *L'installation générale;*

7° *La dimension et l'emplacement des cours;*

8° *La construction et l'emplacement des privés;*

9° *Mobilier* [1].

1. — CONDITIONS A REMPLIR POUR L'EMPLACEMENT DESTINÉ A RECEVOIR UNE MAISON D'ÉCOLE.

Orientation. — La meilleure orientation à donner aux bâtiments est celle qui permet de placer les salles de travail proprement dites, celles à l'intérieur desquelles les enfants passent la plus grande partie du jour, dans la direction du sud ou de l'est, tandis que les deux côtés de l'ouest et du nord sont réservés aux locaux d'un usage temporaire, tels que salles de dessin, salles d'examen, galeries, etc.

2. — DIMENSIONS A DONNER AUX CLASSES.

Nombre d'élèves par classe. — Les plus récents règlements relatifs aux écoles primaires sont ceux concernant les écoles de filles : ils prescrivent de ne pas dépasser par

1. Voir *Mobilier*, chap. V.

classe le nombre maximun de 60 élèves. Cette condition est également applicable aux écoles primaires et aux écoles moyennes de garçons.

Le système d'éclairage unilatéral aujourd'hui en faveur, le modèle de bancs à deux places adopté et qui prend beaucoup de place, ne permettent pas d'avoir des classes contenant un grand nombre d'élèves, et obligent, au contraire, à ne placer qu'un nombre très-limité de bancs sur le même rang dans le sens de la largeur de la classe : quatre dans les classes des petits et trois dans les classes des grands.

Exemple de calcul pour déterminer les dimensions d'une classe de 60 élèves petits. — Un exemple fera comprendre comment, en prenant pour point de départ les meubles qu'elle doit contenir, peuvent être calculées les dimensions d'une classe d'élèves petits.

D'abord la largeur :

<pre>
4 bancs ou 8 places de 0ᵐ,54 chacun . . . = 4ᵐ,32
3 passages longitudinaux de 0ᵐ,75 chacun . = 2ᵐ,25
2 passages le long des murs de 0ᵐ,60 chacun. = 1ᵐ,20
                                               ───────
                      Total 7ᵐ,77
</pre>

Ensuite la longueur :

<pre>
8 siéges placés les uns devant les autres ont
  chacun 0ᵐ,72 et ensemble. 5ᵐ,76
Intervalles séparant les rangs entre eux, 7 à 0,08. 0ᵐ,56
Espace réservé en avant pour le tableau et
  le siége du maître. 2ᵐ,40
Espace réservé au fond de la classe. 0ᵐ,64
                                               ───────
                      Total 9ᵐ,36
</pre>

Une classe destinée à recevoir 64 élèves petits a donc

7^m,77 de large sur 9^m,36 de long et 75 mètres de surface; chaque élève occupe par conséquent 1^m,17.

Exemple de calcul pour déterminer la dimension d'une classe de 60 élèves grands. — S'il s'agit d'une classe d'élèves grands, il ne sera possible de placer de front que trois rangs de siéges, et on trouve pour la largeur de la classe :

3 bancs à 2 places à 0^m,675 l'un.	4^m,05
2 passages longitudinaux à 0^m,90.	1^m,80
2 passages le long des murs à 0^m,60	1^m,20
Total.	7^m,05

Ces sortes de classes n'ont pas besoin d'espaces intermédiaires entre les rangs, et on trouve pour la longueur de la salle :

10 siéges de chacun 0^m,72.	= 7^m,20
Espace en avant pour le maître, etc. . . .	= 2^m,40
Espace au fond de la classe.	= 0^m,90
Total	= 10^m,50

Une classe destinée à recevoir 60 élèves grands a donc 7^m,05 de large sur 10^m,50 de long et 74^m,03 de surface; chaque enfant occupe ainsi 1^m,23.

Il faut remarquer que la longueur de 10^m,50 donnée à une classe est excessive, qu'elle place les enfants trop loin du tableau et de la surveillance du maître. Une classe contenant 60 élèves grands contient, par conséquent, un trop grand nombre d'élèves.

Des calculs qui précèdent, il résulte que, petit ou grand, un enfant doit occuper en classe au moins 1^m,20 en moyenne.

Hauteur des classes. — La hauteur des classes entre plafond et plancher ne doit jamais être inférieure à 3^m,60 ni supérieure à 3^m,90, et c'est de cette dernière dimension qu'il faut le plus se rapprocher.

Emplacement cubique occupé par un élève. — Une classe de 75 mètres de surface, comme une de celles qui précèdent et qui est destinée à 64 élèves petits, contient 292^m,50 cubes, soit 4^m,55 par élève, proportion bonne comme minimum, lorsqu'il s'agit de jeunes enfants, mais qu'il convient de porter à 5^m,50 quand la classe est destinée à des élèves grands.

3. — DISTRIBUTION DE LA LUMIÈRE. MODE D'ÉCLAIRAGE DES CLASSES.

Conséquences d'un mauvais éclairage. — Les tables statistiques[1] prouvent, d'une façon qui rend inutile toute discussion, combien sont déplorables les conséquences de l'éclairage d'une classe quand il n'est pas obtenu conformément aux indications suivantes :

Direction de la lumière et partie de la fenêtre par où elle doit pénétrer. — La plus grande partie de la lumière nécessaire à l'intérieur d'une classe doit venir des fenêtres percées dans un des murs formant le côté long d'un rectangle, et en second lieu des fenêtres percées dans un des murs coupant le premier à angle droit, de façon à ce que celui qui écrit reçoive la lumière à gauche ou bien à la fois à gauche et en arrière. La lumière venant à la fois de gauche et de droite est défavorable, et celle qui vient de face par suite d'une disposition encore conservée dans certaines écoles doit être proscrite d'une façon absolue.

1. Dr Cohn, de Breslau.

La lumière doit arriver dans la classe en abondance, pénétrer par les parties hautes des fenêtres, que, dans ce but, il convient de percer le plus près possible du plafond. Le jour se répartit ainsi d'une façon plus égale sur les parements des murs. Les fenêtres quadrangulaires présentent, à cet égard, de grands avantages qui doivent les faire préférer aux fenêtres circulaires ou ogivales.

Surface vitrée nécessaire par élève. — Un point important est de se rendre compte de la surface vitrée nécessaire par enfant; les recherches à ce sujet ont donné les résultats suivants :

Il faut compter par enfant un minimum de $0^m,40$ de surface vitrée, ce qui pour une classe de 60 enfants fait 24 mètres. Cette surface répartie entre trois fenêtres donne pour chacune 8 mètres, et 6 mètres si elle est répartie entre quatre; si ensuite on veut, d'après ces données, calculer les dimensions de chaque fenêtre, on trouve que les trois fenêtres doivent avoir environ $2^m,70$ de large sur 3 mètres de haut, et les quatre 2 mètres de large sur 3 mètres de haut.

Rideaux. — Afin de défendre les classes contre les rayons du soleil, il faut les munir de jalousies ou de rideaux en coutil blanc ne laissant pas d'interstices entre eux.

Forme des châssis en menuiserie. — Le genre de châssis adopté pour la fermeture des fenêtres a une certaine importance sur le résultat de l'éclairage, car il peut le faciliter ou lui nuire pendant les heures de travail. On doit, à cet effet, recommander de rendre mobile la partie supérieure des fenêtres au-dessus de l'imposte, au moyen de charnières la faisant basculer à l'intérieur. La lumière qui pénètre de cette façon dans la pièce ne tombe pas directement sur la tête des enfants. En outre, la partie inférieure de la fenêtre ouvrant comme une fenêtre ordinaire facilite et aide l'aération de la salle.

Treillis et barreaux. — Il est également utile de garnir de treillis ou de barreaux de fer les fenêtres du rez-de-chaussée donnant sur la voie publique, afin de pouvoir, pendant l'été, laisser chaque nuit les fenêtres toutes grandes ouvertes et renouveler complètement ainsi l'air des classes.

4. — VENTILATION.

État de la question. — Aucune question relative à la construction des écoles n'a été l'objet d'études aussi longues et aussi répétées que celle qui a pour but de leur assurer une ventilation suffisante. De tout temps, on a constaté dans les écoles une odeur nauséabonde, si bien qu'on a fini par la croire inévitable et inhérente à tout établissement scolaire.

Air vicié. — Il est difficile de connaître d'une manière absolue les effets que, suivant les cas, cause sur la santé l'air vicié ou l'eau impure. Une grande quantité de certains produits étrangers peut se trouver en suspension dans l'air et dans l'eau, sans pour cela qu'il en résulte des inconvénients, tandis qu'une petite quantité de quelques autres peut, au contraire, devenir pernicieuse. En pareil cas, le plus sage est, sans chercher à connaître la cause qui vicie l'air ou l'eau, de s'efforcer de les obtenir aussi purs que possible.

Recherches et expériences. — En ce qui concerne l'air respiré, abstraction faite de l'eau qu'il renferme, il contient une quantité 100 fois plus grande d'acide carbonique que d'eau pure et des éléments volatils dont l'existence s'accuse à notre odorat. Ces éléments volatils sont principalement communiqués à l'air par les vêtements et les émanations humaines, qui se mélangent facilement à l'air environnant. Ces miasmes renferment le germe de plusieurs maladies particulières. L'acide carbonique est l'élément étranger dont la présence est la plus facile à constater et la cause la plus fréquente d'infection. Ce double motif l'a fait prendre comme base d'appréciation du mélange auquel est sujet l'air renfermé dans un espace clos. Des expériences concluantes et concordantes ont, d'après les indications qui précèdent, établi que l'air des classes était complètement vicié. D'après les indications fournies par Pettenkofer, OErtel, Baring et Roscoë, dans les hôpitaux, les casernes et les tavernes, l'acide carbonique montait de la proportion de 0,4 pour mille à celle de 2, 3, 4 et même 5 pour mille. Cette même proportion se retrouve dans les écoles les moins peuplées, et, dans celles qui le sont le plus, elle atteint 9, 10, et même 12 pour mille d'acide carbonique. Dans de pareilles conditions, l'élève reprend à chaque aspiration 23 et même 27 % d'air vicié par l'acide carbonique et seulement 77 ou 73 % d'air vraiment pur.

Rapport du Dr Breiting. — Les expériences faites par le Dr Breiting ont fourni la preuve de ce fait étrange que les élèves retrouvaient en classe, le soir, l'air vicié par eux le matin, et, le lendemain, l'air vicié quitté par eux la veille au soir. Cette situation peut d'autant moins être rangée parmi les maux inévitables, qu'il suffirait d'ouvrir les fenêtres des classes, pendant qu'elles sont libres, pour assurer le renouvellement de leur atmosphère.

Difficulté de se procurer de l'air pur. — Mais quelque efficace que soit la ventilation naturelle obtenue par l'ou-

verture des portes et des fenêtres, cette ventilation n'est pas
toujours suffisante, puisqu'elle ne peut être pratiquée que
pendant la belle saison, et que, même à l'époque la plus
favorable, il faut qu'elle soit réglée d'une façon convenable
par un agent spécial. Et, à ce sujet, on a remarqué que des
classes, abandonnées durant un certain temps, conservaient
néanmoins l'air vicié dont elles étaient imprégnées, si l'on
n'avait pas eu le soin de les ventiler et de les aérer suffisamment. Il faudrait donc que le personnel de chaque école
comptât un agent spécial qui, d'une manière permanente,
fût chargé de balayer, de nettoyer les classes, et, en outre, de
régler convenablement leur ventilation.

Qualités à exiger de l'air introduit dans les classes. —
L'air doit être pur, c'est-à-dire contenant aussi peu que
possible d'air respiré; la proportion d'air respiré ne doit
jamais dépasser 2 %.

Dans ces conditions, le maximum d'acide carbonique
qui peut se trouver dans une salle est de 1,275 ou de 1,25
pour mille, et la quantité d'air pur par tête et par heure
doit être de 12^m,15 cubes. L'observation de ces conditions
est, du reste, d'une exécution facile. Pettenkofer, qui indique 1 pour mille comme maximum de la quantité d'acide
carbonique contenue dans un local habité, admet cependant qu'une salle dans laquelle il s'en trouverait 1^m,29
présenterait encore de bonnes conditions de salubrité.

Quantité d'air nécessaire. — La quantité d'air nécessaire
indiquée par les différents auteurs varie de 6 mètres cubes
(Breyman) à 60 mètres cubes (Pettenkofer) par tête et par
heure. Il est à remarquer que la quantité de 6 mètres cubes
est certainement insuffisante, et que le général Morin accuse

une mauvaise odeur très-prononcée dans une classe où il n'avait introduit que 5 mètres 50 cent. cubes par tête et par heure. Le général Morin, une des plus grandes autorités qu'on puisse invoquer en pareil cas, demande pour les classes un minimum de 12 à 15 mètres cubes par heure et par tête. Un exemple à citer est celui du grand amphithéâtre du Conservatoire des arts et métiers de Paris, qui contient 700 auditeurs, et dans lequel un ventilateur envoie par tête et par heure une moyenne de 23 mètres cubes.

Vitesse de l'air introduit. — L'air doit être tenu à l'état de repos. Ainsi, il faut prendre ses dispositions de façon à ce que jamais le renouvellement de l'air combiné avec le chauffage ne dépasse en vitesse 1 mètre par seconde.

Température de l'air. — Pendant l'hiver, la température de l'air introduit doit assurer le chauffage des salles. Entre la limite de 12° Réaumur[1] (Poppenheim) et la limite maximum 16° R.[2] (général Morin et la commission américaine), on peut prendre une moyenne de 14° R.[3]

Uniformité de température. — Au moment de l'ouverture de la classe, la température ne doit dans aucun cas être inférieure à 12° R[1]. Il faut aussi que l'élévation de la température soit en rapport avec la saison et le climat. La température ne doit pas, du reste, pendant la durée de la classe, subir de modification sensible ni varier dans les différentes parties de la pièce. L'air doit donc présenter un mélange uniforme, et, pour atteindre ce but, il faut éviter

1. 15 Degrés centigrades.
2. 20 Id.
3. 17,5 Id.

les courants d'air d'une température inégale, qui produisent dans l'air une humidité nuisible.

État hygrométrique de l'air. — L'air des salles ne doit être ni trop sec ni trop humide. La limite supérieure du degré hygrométrique de l'air d'une classe ne doit pas dépasser 30 %, et la limite supérieure 80 %.

Il faut veiller à ce qu'aucun gaz pernicieux produit par le chauffage ne vienne se combiner à l'air. C'est pour ce motif qu'il convient de proscrire d'une manière absolue les poêles de fonte, à cause du gaz oxyde de carbone qu'ils dégagent, par le phénomène de la combustion, lorsqu'ils sont chauffés au rouge.

Expulsion de l'air vicié. — L'expulsion de l'air vicié doit avoir lieu, pendant l'hiver, au moyen d'orifices disposés près du sol; l'air chaud sera ainsi éloigné du plafond aussi complètement que possible. Il faut, dans ce but, que les conduits d'évacuation soient ménagés à des distances convenables, et que leurs orifices s'entre-croisent avec ceux des canaux d'introduction.

Force d'impulsion. — Les machines aspirantes et foulantes s'emploient d'une façon très-heureuse comme force d'impulsion; malheureusement, elles entraînent une dépense d'installation première et des frais d'entretien assez considérables.

Toutefois, la mise en mouvement de l'air au moyen de la chaleur et la combinaison de la ventilation avec le chauffage permettent une opération très-pratique et dont il faut par suite recommander l'emploi.

Emploi de la chaleur comme force motrice. — L'air

chauffé produit forcément un courant ascensionnel dans un canal perpendiculaire ouvert à ses deux extrémités. Étant données la hauteur du conduit et la différence de température, on peut calculer la vitesse du courant à l'aide de lois connues, en sorte que le mouvement de l'air pourra être calculé d'avance pour chaque cas particulier.

Les conduits dans lesquels la température de l'air n'est pas élevée sont insuffisants. — Si l'air du canal d'évacuation n'est pas assez échauffé, le courant d'aspiration sera insuffisant, et il aura seulement un degré d'activité convenable quand la température de la salle dépassera sensiblement la température extérieure; aussi se forme-t-il facilement de doubles courants dans les conduits de déchargement. A mesure que l'air chaud s'échappe, il pénètre dans la chambre un courant d'air froid qui s'accumule près du sol. Des conduits d'évacuation de ce genre existent au gymnase de Bâle; ils ne sont pas en réalité complètement inutiles, mais ils sont insuffisants. Ainsi, dans la classe III, on reconnaît une accumulation de gaz acide carbonique de 2,67 par mille. L'emploi de canaux d'évacuation non chauffés n'est praticable que dans le cas de chauffage à eau, parce qu'alors l'air chaud s'écoulant par des canaux particuliers agit comme force motrice; et, cependant, au printemps, à l'automne et pendant les jours d'hiver à température modérée cette ventilation reste encore incomplète.

Procédé pour chauffer l'air dans les canaux d'évacuation. — L'échauffement de l'air dans les conduits d'évacuation assure une ventilation constante.

Cette ventilation peut être produite de différentes façons :

1° En plaçant la cheminée d'appel près du foyer, et en

ne la séparant de celui-ci que par des plaques métalliques;

2° En faisant passer le tuyau de fumée par le canal d'évacuation, procédé d'un emploi fréquent et dont on ne saurait trop recommander l'application;

3° En introduisant de l'air chaud, dans le cas d'un chauffage à air chaud, ou de l'eau chaude, dans le cas de chauffage à eau chaude, à l'intérieur du conduit d'évacuation;

4° En chauffant le conduit d'appel au moyen d'un foyer particulier, disposition utile au printemps et à l'automne, saisons durant lesquelles la température est déjà élevée, mais pas assez cependant pour qu'on puisse avoir recours à la ventilation naturelle.

Le foyer particulier nécessaire dans ce cas peut fort bien être obtenu par l'emploi du gaz, mais le prix élevé de cette matière en limite l'emploi aux locaux d'une surface restreinte, comme les privés, par exemple. Pour créer une ventilation convenable dans une classe moyenne, il faudrait allumer six becs de gaz.

5. — CHAUFFAGE DES SALLES.

Différents modes de chauffage. — Le chauffage des classes peut s'effectuer de diverses manières, par des calorifères à air chaud, des calorifères à eau chaude ou des calorifères à vapeur.

Chauffage au moyen de poêles. — Il faut proscrire d'une façon absolue l'usage des poêles en fonte. Ces poêles, en effet, causent un rayonnement calorique considérable et déterminent en outre le dégagement du gaz oxyde de carbone.

Les poêles avec enveloppe de briques ne présentent pas

ces inconvénients, mais leur construction intérieure ne leur permet pas de se prêter à la ventilation. Un grand poêle absorbe environ, dans une salle, 90 mètres cubes d'air par heure lorsqu'il est en pleine marche, c'est-à-dire qu'il renouvelle seulement la quantité d'air suffisante pour sept écoliers. La disposition dite à manteau permet, il est vrai, d'augmenter cette ventilation, mais elle n'est praticable qu'à titre d'expédient et ne saurait être employée dans les bâtiments neufs.

Chauffage à air chaud. — Le chauffage à air chaud, au moyen d'appareils placés au centre des bâtiments, ne permet pas d'obtenir une température uniformément répartie dans les différents locaux, ainsi que le degré hygrométrique nécessaire. Les nouveaux systèmes offrent, à la vérité, une grande amélioration sur les anciens, mais tous ont le défaut d'introduire dans les salles de l'air élevé à une trop haute température.

Chauffage à eau chaude. — L'emploi du chauffage par l'eau chaude donne de très-bons résultats, parce qu'il permet d'obtenir une température égale et durable et une répartition de la chaleur proportionnée aux dimensions de l'espace à chauffer ; il favorise la ventilation, et c'est pour cela qu'il peut avantageusement être utilisé dans les écoles.

Chauffage par la vapeur. — Quels que soient les avantages que présente le chauffage à la vapeur, son emploi ne peut être que très-restreint à cause du chiffre élevé de la dépense à laquelle il donne lieu ; aussi n'est-il guère utilisé que dans les établissements spéciaux se servant de la vapeur.

6. — INSTALLATION INTÉRIEURE DES CLASSES.

Certaines précautions facilitent l'entretien de la propreté et donnent en même temps bonne apparence à la classe.

Lambris. — *Peinture des murs.* — On ne saurait trop recommander dans ce but : de placer autour de la classe un lambris haut peint à l'huile, de couleur grise, de peindre à l'huile les parements des murs, d'enduire ou de peindre le parquet, d'apporter enfin un soin scrupuleux dans le choix des matériaux destinés à la confection des planchers, afin qu'ils soient sains et bien secs.

Tableau noir. — Le tableau noir placé au fond de la salle doit, dans l'intérêt des yeux des élèves, être noir mat uni.

Vestiaires. — Le dépôt des vêtements de dessus, manteaux ou paletots, a lieu dans certaines écoles à l'intérieur même de la classe ; c'est surtout par les jours de pluie, par les temps humides, que cette disposition est regrettable, car elle contribue considérablement à vicier l'air de la pièce. Il est donc nécessaire de disposer un vestiaire auprès de chaque classe, et, en cas d'impossibilité, de réserver dans les galeries ou corridors un espace suffisant pour en tenir lieu.

7. — COURS DE RÉCRÉATION.

Cours et galeries. — *Surface.* — Les élèves doivent quitter la salle de travail pendant les courts intervalles qui séparent les heures d'étude. L'école doit donc comprendre dans son enceinte une cour de dimensions suffisantes pour qu'ils puissent y jouer lorsque le temps le permet, et une galerie ou une cour couverte qui les abrite lorsqu'il pleut. Il faudrait pouvoir donner aux cours de récréation et aux galeries une surface calculée à raison de 6 à 10 mètres par enfant, dans la cour, et de 3 mètres par enfant, dans les galeries.

8. — PRIVÉS.

Conditions à imposer pour l'amélioration de l'état actuel des privés. — L'orientation des privés au nord ou au nord-est, leur séparation des bâtiments scolaires, leur aération constante et leur bonne tenue, leur lavage rendu facile par de l'eau courante, tels sont les moyens propres à écarter, au moins en partie, les inconvénients que présentent actuellement les privés dans la plupart des écoles.

Ventilation. — La ventilation des privés et des fosses exige une disposition particulière. Mettre le tuyau de chute en communication avec le tuyau d'évent occasionne des rentrées de l'air des fosses dans l'intérieur. Le tuyau d'évent doit donc avoir une aspiration indépendante, facile à obtenir par le chauffage à eau; il suffit, pour cela, d'amener une conduite d'eau à travers le tuyau. Un autre procédé, d'une exécution très-facile, pour faire fonctionner la cheminée d'appel, consiste à placer à sa base un bec de gaz, qui, à lui seul, suffit pour déterminer l'aspiration nécessaire.

Eau dans les galeries. — Il faut encore mentionner le bon parti que, au point de vue du lavage et du nettoyage des salles, on peut tirer de l'installation de fontaines ou de réservoirs dans les corridors et galeries.

Cette eau ainsi distribuée peut également servir à désaltérer les enfants.

4

Un autre mémoire[1] du docteur Hiss, également relatif à l'hygiène scolaire, contient des renseignements d'un haut intérêt. Il faudrait pouvoir citer ce mémoire en entier, mais son importance s'y oppose, et il a fallu nous contenter d'en faire des extraits qui sans doute paraîtront un peu décousus; cet inconvénient, toutefois, ne diminuera pas l'intérêt de ce remarquable travail.

MÉMOIRE DE LA COMMISSION D'HYGIÈNE SCOLAIRE, RELATIF A L'ÉTAT ACTUEL DES ÉCOLES DE LA VILLE DE BALE, PRÉSENTÉ PAR LE Dr W. HISS, PRÉSIDENT.

(8 mars 1872.)

Inscription sur les portes des classes, du nombre d'élèves qu'elles doivent contenir. — Les dimensions des classes doivent être calculées pour un nombre déterminé d'élèves, et les maîtres ne peuvent avoir la faculté d'augmenter le nombre fixé. Afin qu'ils ne puissent arguer de leur ignorance à cet égard, une inscription peinte à l'huile sur la porte d'entrée indiquera le nombre d'élèves que devra contenir chaque classe.

Éclairage. — Étant admis que la lumière pénètre directement dans la classe, on peut, par un moyen empirique, déterminer la surface vitrée nécessaire à son éclairage et la calculer de façon à ce qu'elle soit le $\frac{1}{15}$ de la surface du plancher.

Une autre méthode, usitée en Allemagne, consiste à donner aux fenêtres une surface vitrée représentant le nombre d'élèves multiplié par 0^m,45 ou 0^m,66, ce qui re-

1. *Bericht der Special-Commission für Schulgesundheitspflege über den gegenwärtigen stand der Baslerischen Schullocale.* Basel, 1872, Bonfantini.

vient à dire que chaque élève dispose d'une surface vitrée de 0,45 à 0,66 centimètres carrés.

Nettoyage des salles. — Une innovation dont la réalisation offrirait d'incontestables avantages serait de confier à un employé spécial, que ce soit un concierge ou un surveillant, le soin de veiller à l'entretien de la propreté des salles, à leur chauffage, à leur aération, ainsi qu'à l'ouverture des fenêtres en temps utile.

Dans l'organisation actuelle de la plupart de nos écoles, l'entretien de la propreté, le service du chauffage et de l'aération, sont une charge dont la direction incombe aux maîtres. Lorsque le maître ne remplit pas consciencieusement cette partie de sa tâche, on ne peut le congédier pour ce fait, tandis que l'expulsion d'un portier malpropre ou peu soigneux a lieu sans difficulté.

En outre, lorsque, après plusieurs observations des inspecteurs, le maître ou le directeur persistent dans leur négligence et leur défaut de surveillance, l'administration laisse forcément aller les choses et l'école devient de plus en plus malpropre et mal tenue.

Logements de maîtres. — *Leur suppression.* — Dans la plupart des écoles, ce service de nettoyage des salles est effectué par le personnel attaché au service des maîtres logés dans l'école; mais la question du logement des maîtres et des directeurs à l'école est désormais jugée et regardée comme essentiellement mauvaise; on doit d'autant plus en demander la suppression, que cette suppression n'offre aucune difficulté.

Il faut remarquer que les logements de maîtres occupent toujours le premier ou le deuxième étage d'une école, c'est-à-dire la partie la mieux aérée et la mieux éclairée;

ils prennent ainsi la place d'une ou plusieurs classes reportées
par conséquent dans un endroit moins favorable; en outre,
la dépense qu'occasionne l'installation de ces logements
dépasse de beaucoup le montant de l'indemnité de loyer
qu'il y aurait lieu de payer aux maîtres.

Cours de récréation. — Afin de toujours conserver les
élèves en bonne santé, il est important de séparer les heures
de classe par une récréation de 10 minutes environ, pendant lesquelles les élèves quittent la salle de travail et vont
prendre un peu d'exercice dans la cour ou dans une galerie.
De cette obligation résulte la nécessité de comprendre dans
l'enceinte de toute école une cour et une galerie couverte.
Dans ces derniers temps, le conseil de l'enseignement a eu
à examiner divers plans d'école qui lui avaient été soumis,
et dans lesquels la surface des galeries était calculée à raison
de 1^m,38 et 1^m,65 par élève, non compris l'emplacement de
l'escalier, et de 1^m,65 et 2^m,10 lorsque cet emplacement était
compris; on avait précédemment exigé pour ces galeries
3 mètres par élève, et pour les cours, de 8 à 9 mètres par
élève. Les administrateurs d'alors n'ont pas cru ces indications exagérées. Cependant, comme il n'est pas toujours
possible de s'y conformer, on peut partir de ce principe que
les enfants devraient trouver dans la galerie le double de
l'espace qu'ils occupent en classe, et dans les cours le triple
de cet espace.

L'école professionnelle de Bâle a une cour de récréation dans laquelle les enfants ont chacun 5 mètres, et cette
cour aurait le double de surface qu'elle ne serait pas encore
démesurée.

Privés. — Afin de se rendre compte du rapport qui

doit exister entre le nombre des cabinets et le nombre des élèves, il faut remarquer que, durant chaque récréation, la moitié environ des enfants a besoin d'en faire usage. Chacun d'eux y demeure une minute et demie en moyenne ; la totalité des élèves passe donc trois minutes dans les cabinets durant les quatre récréations. Or, les récréations durent 10 minutes chacune, et, par conséquent, les quatre ensemble 40 minutes ; 40 minutes, temps des récréations, divisées par 3 minutes, temps pendant lequel les cabinets sont occupés, donnent 13, chiffre qui représente le nombre d'enfants pouvant théoriquement faire usage d'un même cabinet.

Dans la pratique, on compte 12 à 15 élèves petits par cabinet, et 15 à 20 élèves grands.

II

SERVICES INTÉRIEURS ET EXTÉRIEURS.

EMPLACEMENT. — ORIENTATION. — ÉCOLES MIXTES. ÉCOLES DE FILLES. ÉCOLES DE GARÇONS. — COURS. — FONTAINES. — PRIVÉS. URINOIRS. — JARDINS. — GYMNASES. — GARDIENS. — PRÉAUX. VESTIBULES. VESTIAIRES. — GALERIES. — FENÊTRES. RIDEAUX. PERSIENNES. — CLASSES. LEUR FORME, LEURS DIMENSIONS, LEUR SURFACE, NOMBRE D'ÉLÈVES QU'ELLES CONTIENNENT. — PLAFONDS. PAREMENTS DES MURS. CLOISONS. ESCALIERS. — SALLES DE DESSIN, SALLES DE MUSIQUE, SALLES D'EXAMENS, SALLES DE FÊTES, SALLES DE MAITRES, SALLES DE TRAVAIL PROFESSIONNEL. — OUVROIRS. CABINETS DE DIRECTEURS. — BIBLIOTHÈQUES. — MUSÉES SCOLAIRES. — ÉCLAIRAGE. — CHAUFFAGE ET VENTILATION.

EMPLACEMENT.

Le choix de l'emplacement destiné à recevoir une école rurale est, pour certains cantons de la Suisse, l'objet d'une difficulté particulière. Dans l'Oberland, par exemple, où les habitations sont rares, dispersées, et souvent éloignées les unes des autres, la commune occupe une grande surface, se compose de plusieurs hameaux. Chacun de ces hameaux ne peut avoir une école : ce serait d'abord une dépense première considérable, ensuite des frais d'entretien, puis un double ou triple traitement de maîtres, toutes charges excessives pour les faibles ressources des habitants; les élèves mêmes ne seraient pas en nombre suffisant dans chaque hameau et l'école ne pourrait fonctionner. Il faut donc que l'école puisse à la fois servir à tous les hameaux d'une commune. C'est le choix de l'emplacement de cette école qui souvent est la cause d'embarras, de difficultés et de discussions sans fin. Naturellement, chacun veut avoir l'école près de lui; le hameau le plus populeux fait valoir ses droits; ceux moins importants discutent la longueur du chemin à parcourir, le mauvais état ou le manque de voies de communication.

Le principe adopté en pareil cas, afin de ne léser aucuns droits et de respecter les réclamations de tous les intéressés, est de placer l'école dans le hameau le plus central, en tenant compte, non pas seulement de sa position géographique, mais surtout du nombre et du bon état des chemins et voies de communication destinés à le relier à tous les hameaux voisins et qui, en toutes saisons, assurent aux élèves un moyen certain de se rendre à l'école.

Dans les villes suisses qui, sauf Bâle, Berne, Zurich et Genève, sont toutes de petites villes, les emplacements sains, sans voisinage désagréable, ne sont pas difficiles à rencontrer. Il faut toutefois signaler, dans certaines localités, une tendance accusée à éloigner l'école du centre des habitations, afin de trouver plus facilement et à des conditions moins onéreuses un emplacement suffisamment vaste et bien aéré.

Une chose digne de remarque dans le choix de l'emplacement assigné aux écoles suisses est le pittoresque de leur situation. Le pays, il est vrai, se prête merveilleusement aux dispositions de ce genre; mais la nature seule n'eût pu donner une satisfaction aussi complète sans la recherche et le soin qu'apportent les administrations à toujours bien placer leurs écoles en face d'un beau lac, d'un riche paysage, d'un riant panorama, spectacle propre à reposer l'esprit, à charmer les yeux des élèves et des maîtres.

ORIENTATION.

L'orientation à donner aux bâtiments scolaires est presque toujours le résultat de circonstances indépendantes de la volonté et du désir des constructeurs. Il faut que la façade principale fasse honneur au village; on la tourne donc du côté où elle sera le plus en vue. Il faut que le bâtiment épouse la forme du terrain : un des petits côtés se trouve ainsi exposé au soleil, un des grands à la pluie, etc., etc.... Quand le constructeur conserve toute liberté d'action, il place volontiers les fenêtres des classes au nord, afin d'avoir une lumière plus nette et plus franche, et combat efficacement le froid amené par une telle exposition en augmentant le chauffage, de façon à maintenir la température intérieure à un degré convenable, et en fermant les baies au moyen de doubles châssis. Cette disposition est, du reste, assez vivement discutée, et souvent on préfère placer l'école de façon à ce que la plus grande face se trouve exposée au sud-est, pour laisser le soleil frapper sur trois faces du bâtiment pendant la plus grande partie de l'année.

ÉCOLES MIXTES, ÉCOLES DE FILLES, ÉCOLES DE GARÇONS.

Les écoles mixtes sont celles qui renferment des élèves des deux sexes. Mais, — contrairement à ce qui se passe chez nous, où les garçons et les filles sont séparés avec des précautions exagérées et sans motifs qu'on puisse même expliquer, où on s'efforce d'éviter que non-seulement ils puissent s'approcher, mais même se voir[1], — en Suisse, les garçons et les filles sont logés sous le même toit, le même maître les réunit souvent dans la même salle, ils sont assis sur le même banc; et c'est enfin toujours un maître dont les filles écoutent la leçon.

Ce mode d'existence a influé sur la forme et les dispositions des bâtiments; les groupes scolaires, tels que nous sommes habitués à les voir, n'ont plus de raison d'être. L'école se compose d'un bâtiment unique, plus important dans les villes qu'à la campagne, et la séparation des sexes s'accentue graduellement suivant l'importance de l'établissement scolaire, commençant par l'école dans laquelle les garçons et les filles sont côte à côte, se continuant dans les écoles où ils sont séparés par classes, et finissant par celles qui les placent dans des bâtiments distincts.

L'école rurale est de deux sortes : ou bien simple école ne renfermant que la classe et un logement de maître, ou

---

1. Récemment, dans l'école d'une de nos grandes villes, une galerie desservant l'école des filles longeait le préau des garçons sur une longueur de 12 mètres environ et en était séparée par un mur plein de 1^{m},60 de haut. L'administration déclara cette clôture insuffisante et demanda que la hauteur de ce mur fût portée à 2 mètres; on lui objecta en vain que la taille d'une petite fille ne dépassait jamais 1^{m},60, qu'il n'y avait pas grand mal, en tout cas, à ce qu'une fille vît de jeunes garçons jouer, sous la surveillance de leurs maîtres; qu'elle pouvait, dans la rue, les rencontrer à toute heure, en toute liberté.... Il fallut céder, exhausser le mur et munir de persiennes les fenêtres de l'école de filles, comme on cache un mauvais lieu.

bien école de chef-lieu de commune, dans laquelle se trouvent installés les services municipaux.

La figure 1 est le plan général d'une école mixte des plus modestes[1]. Le bâtiment s'élève entre une vaste cour

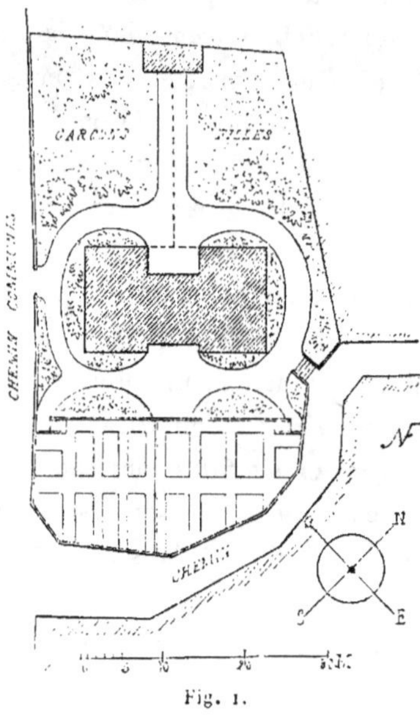

Fig. 1.

consacrée aux enfants et les jardins réservés aux maîtres. Une même classe reçoit les garçons et les filles.

L'école mixte ne doit pas, du reste, toujours s'entendre d'une école avec classe commune pour les enfants des deux sexes ; souvent, au contraire, cette école se divise en deux parties (fig. 2), l'une destinée aux garçons, l'autre aux filles[2]. La cour est commune, les garçons jouent à droite,

1. A Duillier, canton de Vaud, M. de Saint-Georges, architecte.
2. A Aarau, canton d'Argovie.

les filles à gauche; dans certaines villes, au contraire, chaque
sexe a son école spéciale, complètement indépendante et

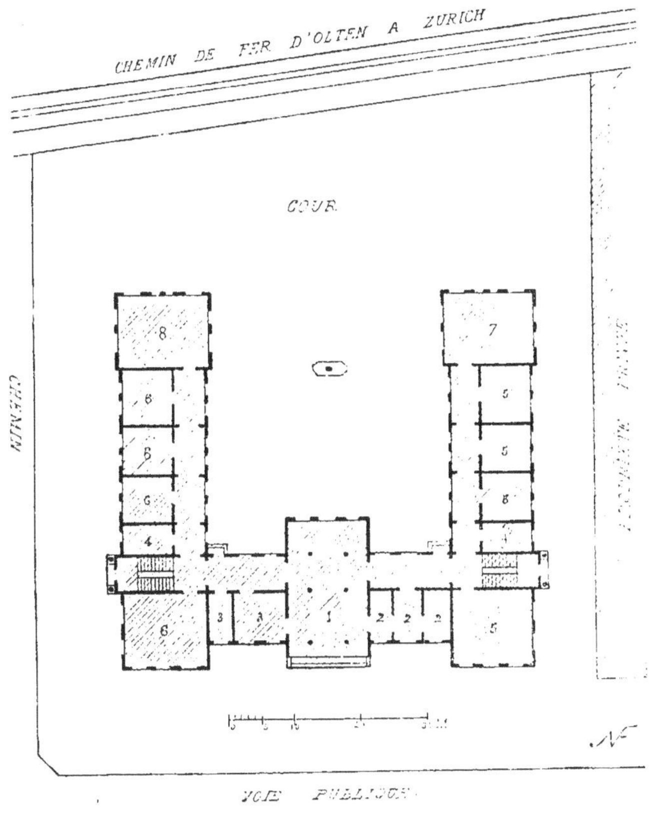

Fig. 2.

1. Vestibule.   5. Classes des garçons.
2. Gardien.   6. Classes des filles.
3. Directeur.   7. Gymnase des garçons.
4. Privés.   8. Gymnase des filles.

placée dans une rue différente. Les écoles de ce genre
prennent une grande importance, dont peut donner idée

la fig. 3, qui représente le plan d'une école de 800 élèves[1];
elle s'élève entre une promenade publique et le bord du
lac dont la sépare seulement la cour de récréation.

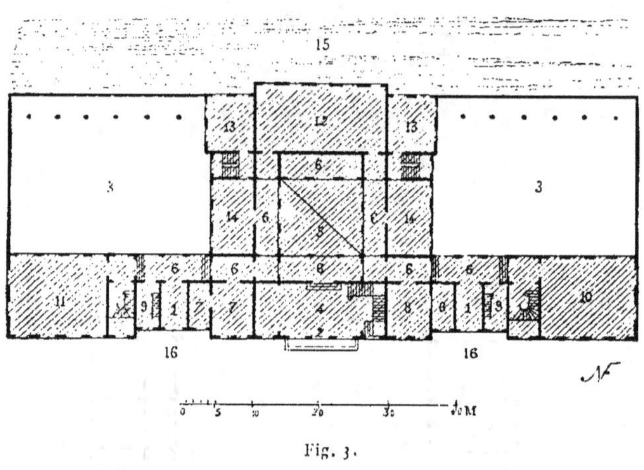

Fig. 3.

1. Entrées des élèves.
2. Entrée des maîtres.
3. Cours de récréation.
4. Vestibule.
5. Cour vitrée.
6. Galeries et passages.
7. Gardien.
8. Directeur.
9. Privés.
10. Gymnastique.
11. Laboratoire de chimie.
12. Salle des fêtes.
13. Classes pour 24 élèves.
14. Classes pour 42 élèves.
15. Lac.
16. Promenade publique.

Les écoles de filles[2] (fig. 4) diffèrent de celles des
garçons par des détails intérieurs sur lesquels nous insiste-
rons au fur et à mesure qu'ils se présenteront.

La distribution de ces divers bâtiments, la destination
des parties qui les composent, sont rendues sensibles par les

1. A Neufchâtel, M. Perrier, architecte.
2. A Bâle, MM. Calame, puis Vischer et Tocker, architectes.

plans que nous venons de signaler. On voit par eux de

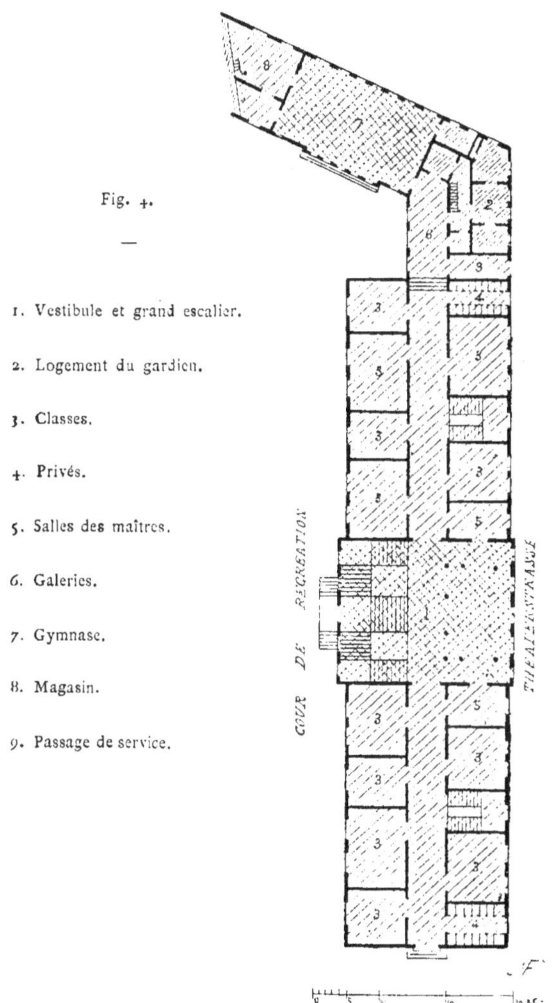

Fig. 4.

—

1. Vestibule et grand escalier.

2. Logement du gardien.

3. Classes.

4. Privés.

5. Salles des maîtres.

6. Galeries.

7. Gymnase.

8. Magasin.

9. Passage de service.

quelles dépendances ils sont accompagnés et quelle grande
surface de terrain leur est nécessaire.

COURS.

Les écoles sont toujours accompagnées d'une ou de plusieurs cours. Parfois, dans les écoles mixtes, ces cours sont
distinctes pour les garçons et pour les filles (fig. 1); parfois, au contraire, elles sont communes (fig. 2). Dans les
écoles importantes et servant seulement aux garçons, les
cours sont doubles; l'une sert aux grands, l'autre aux petits
(fig. 3).

Ces cours sont en général très-vastes : ainsi, celle de
l'école fig. 2, par exemple, destinée à 1000 enfants, offre
une surface de plus de 3,000 mètres; celle de l'école fig. 1,
destinée à 100 enfants environ, occupe une surface de
800 mètres.

Dans l'intérieur des villes, cette proportion diminue tout
en restant considérable, puis, condition favorable, ces cours
ne sont pas, comme chez nous, enfermées entre de hauts murs;
elles sont entourées de grilles à jour, laissant aux passants
la possibilité de voir les enfants prendre leurs ébats.
Lorsque la situation le permet, on les place au bord d'un lac,
comme à Neufchâtel ou à Montreux; sur la lisière d'un
bouquet d'arbres, comme à Zoffingen; en bordure d'une
promenade, comme à Winterthur, ou à mi-côte d'une col-
line, comme en maints endroits trop longs à citer.

Le sol est sablé; une partie est plantée d'arbres, l'autre
reste nue, est exposée au midi et consacrée aux jeux d'hiver
pendant lesquels il faut chercher le soleil.

Ces cours n'ont jamais de bancs; les enfants sont en
récréation pour jouer, courir ou se promener, et, à moins
qu'ils ne soient malades, les maîtres les obligent toujours à
prendre un salutaire exercice.

Les jeux des enfants n'ont pas, du reste, à l'école, une longue durée; la plupart du temps, le peu de distance qui les sépare du logis leur permet d'aller prendre leurs repas avec leurs parents, sortie qui coupe la journée scolaire; en sorte que les seules récréations passées à l'école sont celles qui séparent les classes entre elles. Ces interruptions

Fig. 5.

sont fréquentes, puisqu'elles se reproduisent toutes les heures, mais elles n'ont en revanche que bien peu de durée, dix minutes environ. Cet espace de temps est trop court pour permettre aux enfants d'organiser des jeux, ils ne peuvent en profiter que pour courir, sauter et crier tout à leur aise.

Les cours de récréation couvertes n'existent pas; quand le

très-mauvais temps rend la présence des enfants absolument impossible en plein air, ce qui arrive rarement, on les laisse jouer dans les galeries et vestibules intérieurs, dont les dimensions leur permettent de servir à cet usage (fig. 2, 3, 4).

FONTAINES.

Dans chacune de ces cours est placée une fontaine, dont la forme et l'importance varient à l'infini. Souvent c'est une simple vasque avec jet d'eau; souvent aussi c'est un petit monument (fig. 5) d'un goût plus ou moins heureux, mais distribuant toujours en abondance une eau fraîche et limpide. Deux ou trois gobelets de métal sont scellés dans la pierre. Les élèves se désaltèrent à la fontaine, ou y puisent l'eau nécessaire à l'arrosage des jardinets que quelques maîtres leur concèdent.

PRIVÉS. — URINOIRS.

Nous avons presque toujours vu jusqu'à présent les privés des établissements scolaires être établis dans une petite construction à part, reliée à la grande par une galerie couverte. La propreté, le facile entretien des cabinets gagne à cette disposition, dont le seul inconvénient est d'obliger les enfants à faire, quand ils sont en classe, un long détour et à descendre deux

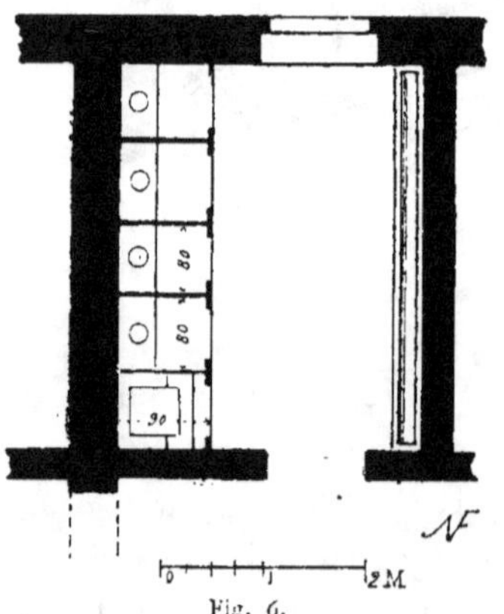
Fig. 6.

ou trois étages afin de gagner les cabinets au fond de la cour.

En Suisse, les privés des écoles sont placés à l'intérieur

même des bâtiments, le plus souvent à l'extrémité d'une
galerie, mais toujours près et parfois à côté des classes
(fig. 3, 4). On leur consacre une salle divisée par cases
(fig. 6) dont le nombre dépend de l'importance de l'école;

Fig. 7.

les cloisons de séparation (fig. 7) ne montent pas à la hauteur du plafond et laissent ainsi l'air circuler et courir par-
dessus; la porte est coupée à $o^m,15$ ou $o^m,20$ au-dessus du
sol et une fenêtre toujours ouverte donne une aération suffisante sur le siège et les parois des murs. Ces cabinets, très-
proprement tenus, lavés plusieurs fois par jour, n'ont pas
ou presque pas d'odeur; les sièges sont en sapin; les

5

cuvettes, en faïence, se manœuvrent au moyen d'un mécanisme semblable à celui en usage dans les privés de nos habitations; tous ces appareils fonctionnent longtemps sans demander de réparation, ce qui indique de la part des enfants une grande habitude d'ordre et de soin.

On trouve dans plusieurs grandes écoles des appareils anglais, du genre de ceux que nous avons déjà eu l'occasion de décrire[1], et qui donnent de très-bons résultats.

Les écoles de garçons sont, en outre, munies d'urinoirs; mais l'installation de ces urinoirs est malheureusement fort incomplète. Ils se composent d'une longue gouttière en pierre ou en fonte émaillée. Ces gouttières, d'un très-large diamètre, sont fortement inclinées et un filet d'eau les arrose constamment. Le mauvais côté des installations de ce genre est l'absence de toute séparation : les enfants sont côte à côte dans une promiscuité regrettable, qui doit donner lieu à des inconvénients de plus d'un genre.

JARDINS.

Dans toutes les écoles rurales, un jardin est annexé au bâtiment scolaire : le plus souvent il fait partie intégrante de l'établissement; d'autres fois, au contraire, il en est séparé et se trouve placé à une plus ou moins grande distance.

Ce jardin a deux destinations : d'abord, il offre une distraction au maître, lui fait prendre intérêt à sa demeure, l'oblige à rester chez lui et lui offre le moyen d'améliorer sa situation ; ensuite, il est l'occasion de leçons agricoles très intéressantes pour les élèves, il facilite des explications

---

1. *Écoles publiques en France et en Angleterre.*

pratiques, des expériences nouvelles dont maîtres et élèves tirent le plus grand profit.

La surface de ces jardins n'a rien de fixe ni de précis; elle dépend de la disposition des lieux, de l'importance de la commune et des ressources dont elle peut disposer.

GYMNASES.

Toutes les écoles urbaines et toutes les écoles rurales de quelque importance sont accompagnées d'un gymnase

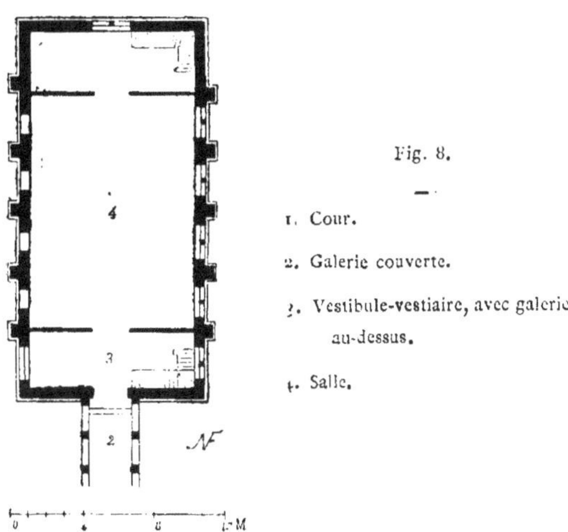

Fig. 8.

1. Cour.

2. Galerie couverte.

3. Vestibule-vestiaire, avec galerie au-dessus.

4. Salle.

admirablement pourvu des appareils les plus modernes et les plus perfectionnés.

Dans les écoles mixtes, le gymnase des garçons est le plus souvent distinct de celui des filles, mais cette règle n'a rien d'absolu.

Il en est de même de l'empalcement réservé au gym-

nase : tantôt il est installé dans une des pièces du bâtiment dont la forme et les dispositions n'offrent rien de particulier (fig. 3); tantôt, au contraire, dans une construction

Fig. 9.

à part, parfois très-vaste et conçue de façon à répondre à
son but spécial.

Le gymnase[1], dont nous donnons le plan (fig. 8), se
compose d'une grande salle (12 mètres sur 9) précédée d'un
vestibule et suivie d'un vestiaire. Au-dessus de ces deux
pièces est réservée une tribune d'où les parents et les simples curieux peuvent suivre les exercices. Une galerie couverte relie le gymnase aux autres parties de l'établissement.
Cette salle est éclairée le jour par les nombreuses fenêtres

1. M. Salvisberg, architecte.

percées dans les deux murs latéraux, et, le soir, au moyen d'appareils à gaz.

L'intérieur, entièrement en sapin verni, laisse (fig. 9) apparente la charpente des combles et le lambris qui forme

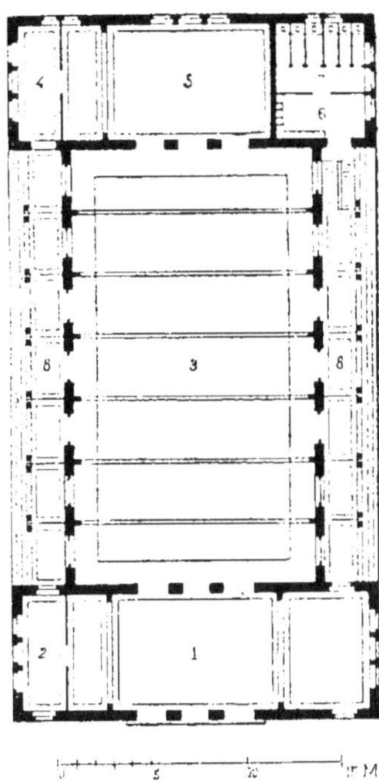

Fig. 10.

—

1. Vestiaire.

2. Salle de médecine.

3. Salle de gymnastique.

4. Salle du professeur.

5. Salle d'armes.

6. Urinoirs.

7. Privés.

8. Galeries.

le plafond; une boiserie à hauteur d'appui entoure les murs, et le sol est couvert d'une épaisse couche de copeaux de liège.

La ville de Berne s'occupe de construire une grande école cantonale[1], et le gymnase destiné aux élèves de

1. M. Salvisberg, architecte.

cette école prend, à lui seul, les dimensions d'un véritable monument.

Le plan (fig. 10) comprend un vaste vestibule, servant de vestiaire; à gauche est une pièce destinée au médecin du gymnase, chargé de diriger les exercices, de les proportionner aux forces des élèves et à leur développement physique.

La salle de gymnase proprement dite a 12^m,50 de largeur sur 22^m,50 de longueur; elle est vaste, haute (fig. 11), éclairée par 14 fenêtres donnant sur des gale-

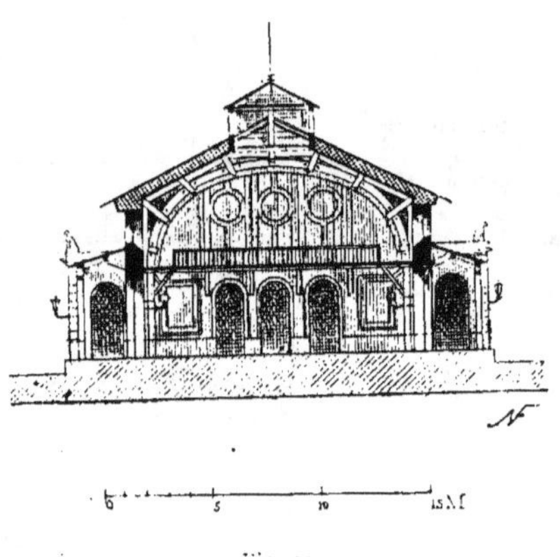

Fig. 11.

ries latérales (fig. 12). Au delà de cette salle, s'en trouve une seconde de dimensions plus modestes et servant de salle d'armes. Cette seconde salle contient un dépôt de fusils de divers modèles destinés à initier les élèves aux exercices militaires. Le maître d'armes et le professeur de gymnastique ont une salle à part, en face de celle du médecin; des urinoirs et des privés complètent cette installation, dont

on ne trouve l'équivalent que dans les écoles publiques
d'Allemagne.

Les gymnases de cette importance servent non-seulement
aux enfants de l'école dont ils dépendent, mais ils reçoivent

Fig. 12.

aussi, à certaines heures du jour, de jeunes ouvriers employés
dans les ateliers voisins et qui obtiennent facilement la per-
mission de venir s'y livrer, sous la direction du maître, à
d'utiles exercices.

La pratique de la gymnastique a, du reste, reçu en Suisse
et en Allemagne un développement dont nous sommes loin
de nous douter en France. Nous avons cru réaliser un
grand progrès en installant des gymnases dans nos lycées,
sans penser que déjà tous les pays voisins en avaient dans
leurs écoles publiques. La force et la vigueur sont, pour
l'enfant du peuple, un véritable capital dont, dès ses jeunes
années, il tire le plus grand profit; pour lui, l'adresse et la

santé représentent un travail plus soutenu, plus régulier, avec tous les avantages et tous les résultats qu'il entraîne : c'est le bien-être à la maison, c'est la famille plus heureuse, plus prospère et plus morale. Les exercices gymnastiques peuvent, sinon assurer ces biens inappréciables, du moins aider à les obtenir et à les conserver. Nous n'avons pas le droit de refuser à nos enfants le moyen d'acquérir la force physique, l'adresse et la santé nécessaires ; notre devoir, au contraire, est de tout faire pour qu'ils puissent les acquérir[1].

GARDIENS.

Les écoles rurales seules contiennent un logement de maître ; les écoles urbaines ne contiennent d'autre logement que celui d'un gardien, chargé d'ouvrir les portes le matin et de les fermer le soir.

Le gardien est également chargé d'assurer la propreté générale de l'établissement : il allume les poêles, arrose les cours, balaye les salles, etc.[2] ; il est aidé dans sa tâche par un plus ou moins grand nombre d'ouvriers employés seulement une ou deux heures par jour. Une fois les élèves

1. Très-peu d'écoles publiques sont en France pourvues de gymnases. Leur établissement n'est pas prescrit par le programme relatif aux conditions à remplir par les écoles primaires de Paris.

2. Le nettoyage des salles est, à Paris, confié aux soins du directeur de l'école, qui touche, pour ce fait, une indemnité proportionnelle au nombre d'élèves que contient son école. S'il s'agissait de maîtres moins soucieux de leur dignité que ne le sont les maîtres français, il serait à craindre que cette manière d'opérer ne suggérât à quelques-uns l'idée d'imposer à leurs élèves l'accomplissement d'une tâche à laquelle ils doivent toujours rester étrangers.

partis, on voit arriver à l'école une escouade de manœuvres qui balayent, arrosent, époussètent, ouvrent les fenêtres, nettoient les vitres, lavent les parquets, les cabinets, garnissent les lampes, préparent les appareils de chauffage, ratissent le sable des cours, etc. Cette opération se renouvelle chaque jour avec un soin méticuleux sous la responsabilité du gardien.

Le logement du gardien est naturellement placé près d'une porte d'entrée (fig. 2, 3 et 4); il se compose de deux ou trois pièces de dimensions très-variées, mais suffisantes pour être logeables et n'offrant aucune disposition spéciale.

PRÉAUX. — VESTIBULES.

Les préaux de nos écoles françaises sont d'immenses salles servant à la fois de vestibule, de vestiaire, de salle de toilette, de salle de récréation, de réfectoire et de salle d'assemblée générale, etc... A proprement parler, les écoles suisses n'ont pas de préaux, mais elles ont des vestibules, des vestiaires, des cabinets de toilette, des salles de fête et des galeries servant au besoin de salles de récréation, lorsque (ce qui arrive rarement) le temps est assez mauvais pour empêcher les enfants de jouer au dehors. C'est sur ces vestibules ou ces galeries que débouchent les cages d'escaliers, les classes, les grandes salles, etc.

La forme et les dimensions de ces vestibules n'ont rien de fixe; elles sont très-variées d'aspect et de disposition.

Voici, figure 13, le plan du vestibule d'une école de filles à Genève[1]. L'entrée principale de l'école s'ouvre au milieu de ce vestibule, à chaque extrémité sont les cages

1. M. Boissonnas, architecte.

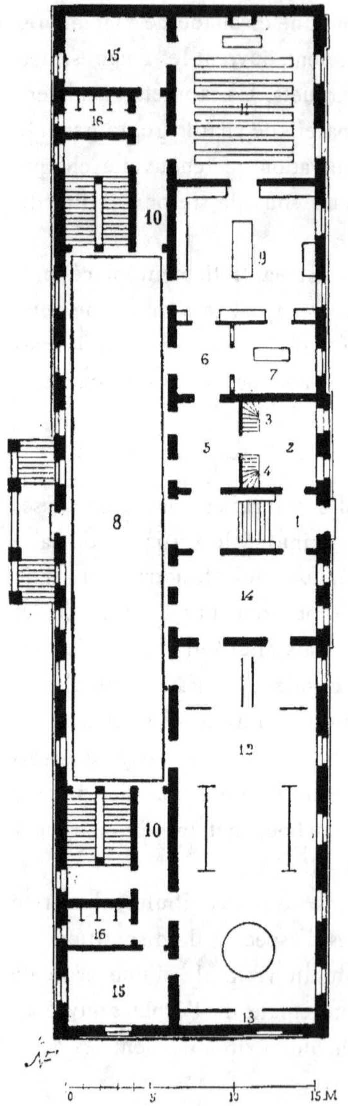

Fig. 13.

1. Vestibule.

2. Gardien.

3. Escalier de l'entresol.

4. Escalier du sous-sol.

5. Antichambre.

6. Employé.

7. Directeur.

8. Préau.

9. Bibliothèque.

10. Passages.

11. Salle de conférences.

12. Gymnase.

13. Dépôt des engins.

14. Vestiaire.

15. Cabinets des professeurs.

16. Privés.

Fig. 14.

—

1. Préau.

2. Passages.

3. Vestiaires.

4. Classes pour 48 élèves.

5.   —   pour 32 élèves.

6.   —   pour 40 élèves.

7.   —   pour 64 élèves.

8. Salle de maîtres.

9. Privés.

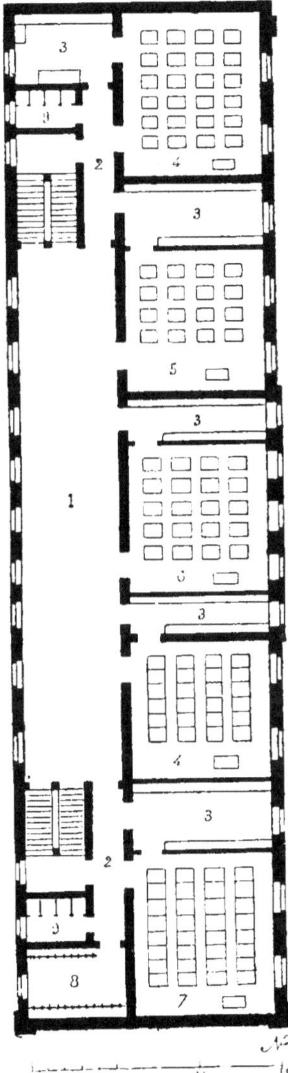

d'escaliers et les passages des privés ; d'un côté, la porte conduisant à la cour de récréation et toute une ligne de fenêtres, de l'autre, le gymnase et son vestiaire, le logement du gardien, le cabinet du directeur et la bibliothèque. Ce vestibule est, en outre, répété au premier étage, où il sert d'antichambre à toutes les classes et à leurs vestiaires (fig. 14).

L'aspect de cette longue salle fait bien comprendre

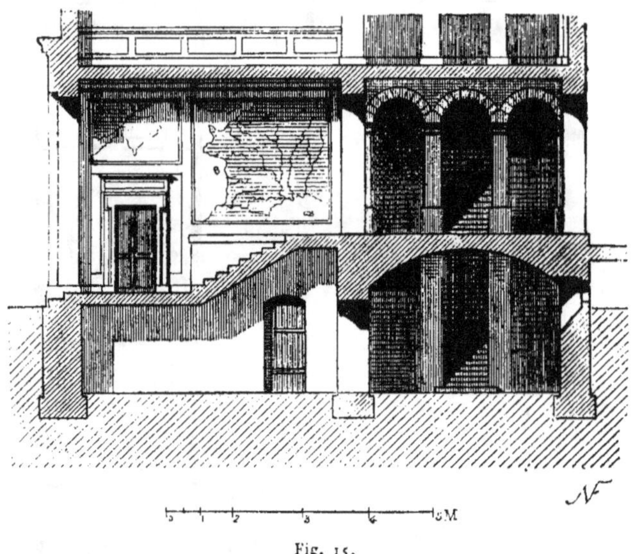

Fig. 15.

sa destination ; les arcades (fig. 15) qui la terminent lui donnent une certaine apparence de grandeur ; elle est très-claire et très-aérée.

On trouve à l'école des garçons de Neufchâtel [1] une dis-

1. M. Perrier, architecte.

position tout autre, mais bien plus heureuse encore, et qui
rappelle celle adoptée à l'école du boulevard du Hainaut à
Bruxelles[1].

Ce vestibule, n'est en réalité, qu'une grande cour vitrée
occupant le centre du bâtiment (fig. 16); il est entouré

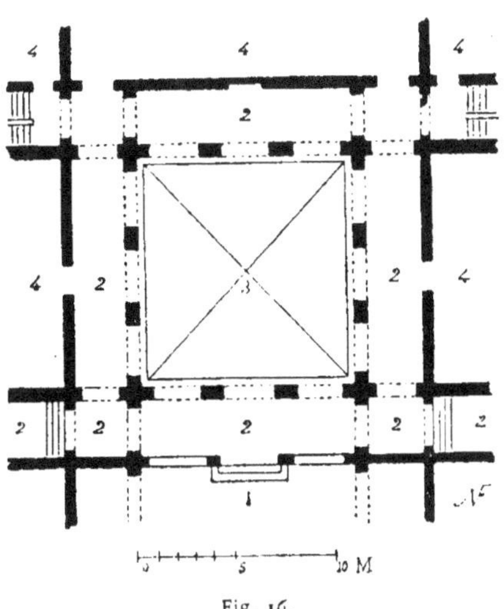

Fig. 16.

1. Vestibule.   3. Cour vitrée; préau.
2. Galeries.   4. Salles.

de galeries conduisant aux escaliers. Sur ces galeries s'ouvrent également les portes des classes et celles des différentes
salles. Ce vestibule monte de fond (fig. 17) dans la hauteur des trois étages y compris le rez-de-chaussée. Les points
d'appui, formant les travées et les plates-bandes qui les

1. Voir les *Écoles publiques en Belgique*.

réunissent, sont en pierre de taille du Jura; les profils sont taillés avec soin et les arêtes de leurs moulures sont polies. Cet ensemble n'a pas le caractère qu'on pourrait supposer; cela tient au manque de proportion des différentes parties

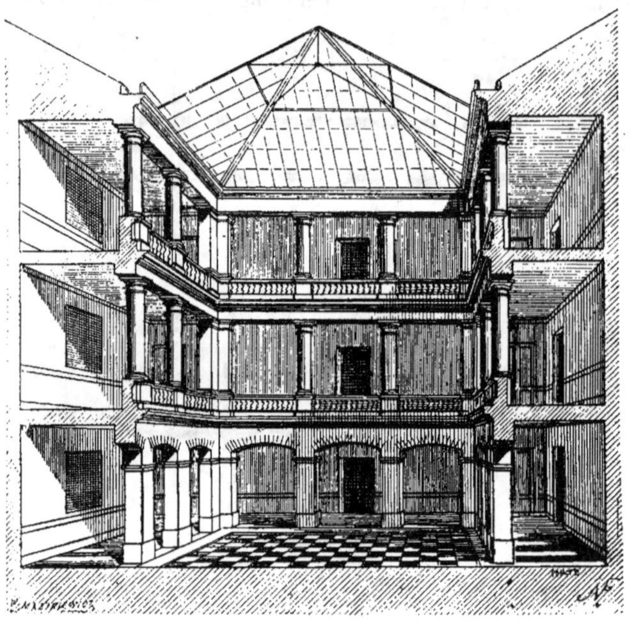

Fig. 17.

entre elles, à la répétition des mêmes formes et des mêmes dimensions, à la monotonie enfin du ton de la pierre employée, uniformément blanche et d'un aspect froid sans qu'aucun point coloré l'anime et la réchauffe par endroits.

GALERIES. — VESTIAIRES.

Les différents plans qui précèdent et tous ceux qui vont

suivre montrent, en avant des classes, de longues galeries dont la largeur souvent dépasse 5 mètres et sur lesquelles s'ouvrent les portes des classes.

Ces galeries le plus souvent servent de vestiaires; les parois de leurs murs sont garnies de portemanteaux auxquels

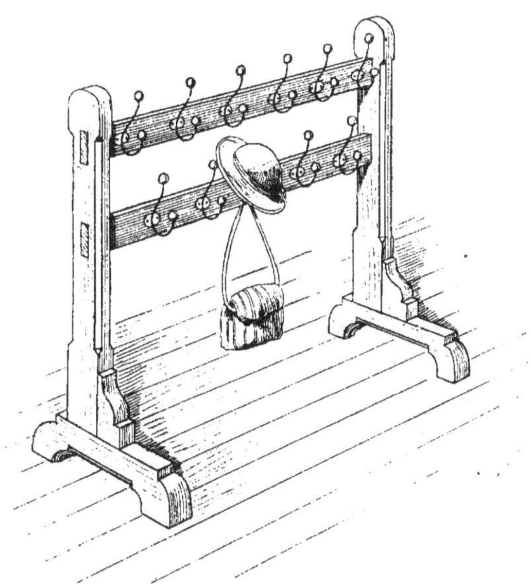

Fig. 18.

les enfants accrochent leur coiffure et le vêtement qu'ils doivent quitter. Il arrive souvent qu'au lieu d'être fixes, ces portemanteaux sont mobiles (fig. 18); ils se composent alors de deux montants supportant deux traverses auxquelles sont fixés les têtes ou crochets. Cette disposition permet de diminuer ou d'augmenter le nombre des portemanteaux suivant la population des classes, les besoins du moment, ou encore de les changer de place lorsque les galeries doivent, par exception, servir aux jeux des enfants.

Des vestiaires d'une installation bien préférable à celle-ci sont ceux de certaines écoles de construction récente, comme l'école de filles de Genève (fig. 14) et celle de Winterthur (fig. 78), par exemple. Chaque classe est accompagnée de son vestiaire séparé, distinct, et qui lui sert de vestibule.

Avant d'entrer en classe, les enfants passent par le

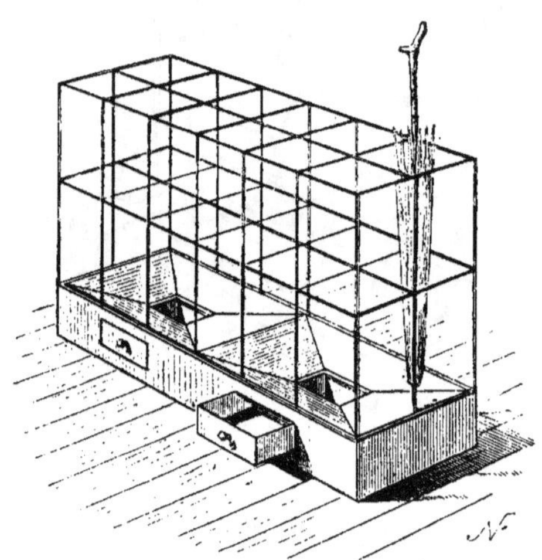

Fig. 19.

vestiaire, y remplissent leurs devoirs de propreté, et s'y débarrassent des vêtements et des objets qu'ils doivent retrouver en sortant.

La température de ces vestiaires est supérieure à celle de la classe ; des bouches de chaleur, pratiquées au pied du mur, en chauffent les parois, et à sa sortie l'enfant retrouve sec le vêtement qu'en entrant il a laissé mouillé.

Dans certaines écoles, le vestiaire se compose tout simplement de portemanteaux accrochés aux murs de la classe (fig. 21). Cette installation est des plus simples, mais en revanche elle est tout à fait insuffisante, contraire au bon ordre et à la propreté : l'odeur des vêtements mouillés se mêle aux émanations humaines et contribue rapidement à vicier l'atmosphère des classes.

On trouve dans tous les vestiaires, quel que soit leur emplacement, un porte-parapluie en fer, d'une construction économique et ingénieuse (fig. 19). Il se compose d'un plus ou moins grand nombre de cases, le plus souvent dix ou douze, chaque parapluie occupe la sienne et laisse son extrémité égoutter dans un réservoir de tôle creusé en forme de cuvette avec un orifice central. L'eau des parapluies tombe dans un tiroir, sorte de récipient qu'on vide à volonté par une manœuvre analogue à celle qui fait mouvoir le cendrier d'un poêle.

Les enfants doivent arriver propres à l'école, leur toilette doit être faite à la maison paternelle ; ceux dont le linge est sale, le vêtement malpropre, sont renvoyés à leur famille. Si les parents justifient de l'impossibilité où ils sont de renouveler le linge et les vêtements de leurs enfants, il y est pourvu par les soins de l'administration de l'école, mais rien ne les dispense d'accomplir au logis les devoirs de propreté qu'exige l'enfance.

Les pièces uniquement destinées à recevoir des lavabos sont donc rares et de petite dimension ; une fontaine mobile est placée dans certaines classes pour que le maître et les élèves puissent se laver les mains lorsqu'ils ont les doigts tachés d'encre ou de blanc, mais ce n'est là qu'un service accidentel.

Dans les écoles possédant un vestiaire distinct pour chaque classe, et ne servant par conséquent qu'à un petit nombre d'élèves, il est placé des lavabos très-bien agencés,

Fig. 20.

formés d'une caisse de sapin verni, avec cuvette en faïence ou en porcelaine, recouverts de plaques de marbre et munis de robinets en nickel. Chaque enfant dispose d'une éponge suspendue à un crochet et les serviettes sont communes. Des meubles de ce genre (fig. 20), assez rares, du reste, constituent une recherche poussée peut-être un peu loin : en somme, leur emploi ne pourrait être que très-recommandé si le prix de la dépense à laquelle il donne lieu ne venait y mettre obstacle.

FENÊTRES. — PERSIENNES. — STORES. — RIDEAUX.

Les fenêtres sont presque toujours rectangulaires; elles montent très-haut et descendent très-bas, elles atteignent

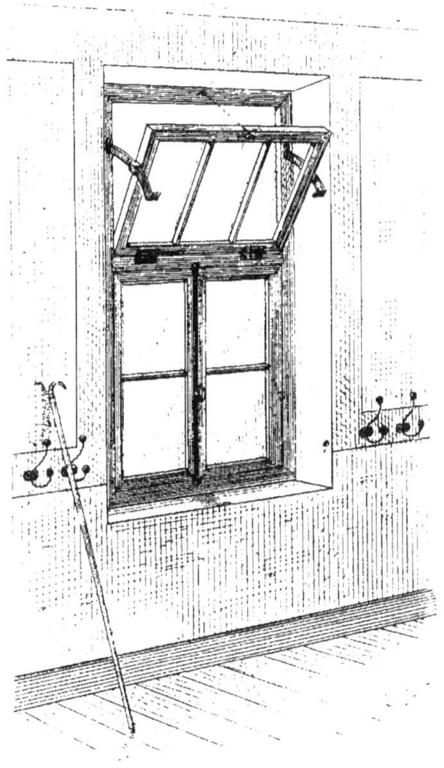

Fig. 21.

ainsi presque le plafond et ne s'élèvent au-dessus du parquet que de $0^m,60$ à $0^m,80$.

La première de ces dispositions permet à la lumière d'é-
clairer toutes les parties de la salle, et à l'air introduit de
balayer la surface du plafo nd; la seconde laisse les enfants
jouir de la vue des objets extérieurs.

Les maîtres suisses n'estim ent pas qu'il soit nécessaire,
pour obtenir de leurs élèves un travail régulier et une

Fig. 22.

attention soutenue, de les enfermer dans une boîte ayant
pour horizon un mur triste et froid; ils pensent, au contraire,
que l'aspect de la campagne, la vue d'une nature pittoresque
et accidentée, ne peuvent que leur produire d'agréables
impressions, élever leurs pensées, développer leur imagination, leur procurer de courts instants de repos, tout
en fournissant aux maîtres d'incessants sujets de leçons.

En ce qui concerne la forme des châssis propres à clore
les fenêtres, il faut d'abord citer les châssis à bascule,
à pivots, à guillotine, etc..., en usage partout, puis un système particulier, indiqué (fig. 21). La partie inférieure
de la fenêtre s'ouvre en deux vantaux comme ceux d'une

fenêtre ordinaire ; la partie supérieure, mobile sur son axe inférieur, s'abat en avant.
Deux guides circulaires, munis de crémail-
lères, déterminent le degré d'ouverture à
donner au châssis. Un verrou à ressort se manœuvre au moyen d'une longue tige à crochet et arrête la fermeture d'une façon fixe.

Pendant la durée de la classe, la partie supérieure de la fenêtre seule s'entr'ouvre plus ou moins, suivant les besoins du
moment ; l'air extérieur arrive, suit le plafond, et retombe ensuite, sans frapper directement sur la tête des élèves. Quand, la
classe finie, on veut rapidement renouveler
l'air intérieur, on ouvre, en même temps,
et le châssis du haut et les deux châssis du
bas, en sorte que la baie tout entière donne
passage à une grande masse d'air arrivant
à la fois de l'extérieur.

Fig. 23.

Les fenêtres des logements seules sont pourvues de persiennes ; celles des classes restent libres : ces dernières sont
cependant quelquefois, dans les parties les plus exposées
au froid, munies d'un double châssis vitré, mais c'est là une
exception.

Les rideaux et les stores ordinaires ne s'adaptent pas
facilement aux fenêtres d'écoles, ils ne sont pas d'une ma-

nœuvre facile, le moindre vent les fait flotter si la fenêtre est ouverte et la lumière devient alors indécise; un système de rideaux en usage dans plusieurs écoles remédie à ces inconvénients.

Les stores dont il s'agit s'enroulent sur un large cylindre, placé non en haut, mais en bas de la fenêtre (fig. 22). Ce cylindre, logé dans l'épaisseur du mur à hauteur d'appui, est masqué par un coffre en menuiserie. Un autre cylindre, de plus petit diamètre que le premier, occupe une position analogue au-dessus du linteau de la fenêtre (fig. 23). Un câble relie ces deux cylindres et s'enroule sur celui du haut, en faisant dérouler celui du bas; ils se meuvent donc dans un sens opposé, et si, par exemple, le cylindre supérieur s'enroule, le cylindre inférieur se déroule faisant ainsi monter le store le long de la fenêtre et recouvrir la partie qu'il est utile de protéger.

Les stores de ce genre peuvent fonctionner en laissant ouverts les deux battants inférieurs de la fenêtre, si elle est simple, ou les deux battants extérieurs seulement, si elle est double; mais, dans les deux cas, l'air introduit par l'ouverture suffit pour aérer la salle. Un autre avantage de ces stores est de remédier au peu de hauteur des appuis de fenêtres et de permettre de cacher tout ou partie de la fenêtre, lorsque, pour une cause quelconque, le maître veut momentanément cacher à ses élèves la vue des choses extérieures.

Ces stores ou rideaux sont d'une construction des plus simples et des plus économiques; ils sont fabriqués avec de la toile forte, peinte, d'un ton écru fumé, ou vert-d'eau; quelques-uns sont recouverts de dessins, d'inscriptions, etc...

CLASSES.

*Leur forme. — Leurs dimensions. — Leur surface. —
Le nombre d'élèves qu'elles contiennent.*

Les classes ont toujours la forme d'un carré long, la place du maître est à une des extrémités, adossée à un des côtés étroits; les fenêtres, percées à la gauche des élèves, occupent à peu près entièrement un des côtés longs, et quelquefois même le côté court, en face du maître, quand la classe est éclairée sur deux faces; la porte d'entrée se trouve dans le mur, à droite des élèves. Les bouches de chaleur, ainsi que celles d'évacuation d'air vicié, sont reportées le long des murs, dans les endroits où elles doivent le moins gêner la circulation et le mieux remplir leur office. (Fig. 24-26.)

Les classes ont de grandes dimensions et cependant ne contiennent chacune qu'un petit nombre d'élèves, résultat cherché, et qui tient à ce que l'espace accordé à chaque élève est considérable par suite du système de bancs-tables en usage. Le modèle des siéges et des pupitres le plus fréquemment adopté est le modèle à deux places avec passages intermédiaires et longitudinaux[1]. Le mobilier à places nombreuses est abandonné depuis longtemps, et celui à une place, reconnu trop coûteux, est trop embarrassant.

Afin de nous rendre compte des règles qui ont servi à fixer la dimension des classes, il est nécessaire de passer en revue quelques exemples.

En prenant comme point de départ la classe d'une petite

1. Voir chap. IV, Mobilier.

école rurale[1], nous la trouvons meublée de bancs-tables à deux places (fig. 24), ayant chacun une longueur moyenne de 1 mètre et placé sur quatre rangs, de front, avec deux

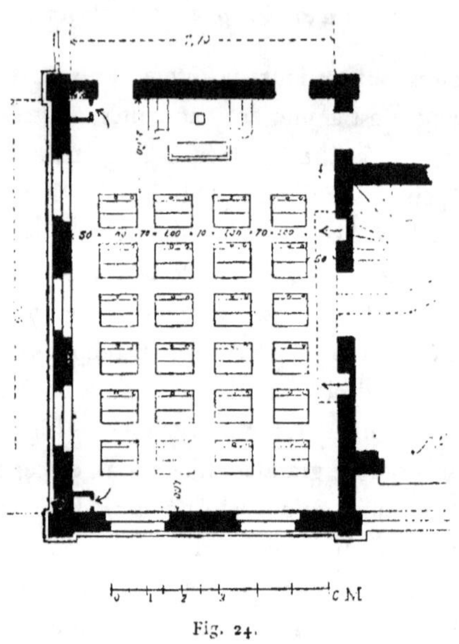

Fig. 24.

passages extrêmes de 0ᵐ,80, et trois passages latéraux ou longitudinaux de 0ᵐ,50, c'est-à-dire, en résumé :

4 bancs de 1 mètre	4ᵐ,00
2 passages extrêmes de 0ᵐ,80	1ᵐ,60
3 passages latéraux de 0ᵐ,50	1ᵐ,50
Soit donc pour la longueur de la classe. .	7ᵐ,10

Quant à la longueur, elle comprend : d'abord, l'espace réservé pour la place du maître, 2ᵐ,60; six rangs de bancs

1. École de Duillier, canton de Vaud.

de 0^m,90 de large, y compris le devers des dossiers ; puis, cinq passages intermédiaires de 0^m,40, et, enfin, le passage extrême de 1 mètre, c'est-à-dire en résumé :

Estrade du maître et place réservée . . . . . 2^m,60
6 bancs-tables de 0^m,90. . . . . 5^m,40
5 passages intermédiaires de 0^m,40. . . . . . 2^m,00
Passage extrême. . . . . 1^m,00

Soit pour la longueur de la classe. . . . 11^m,00

Cette classe, ayant 7^m,10 de large et 11 mètres de long, mesure 78^m,10 de surface, et contiendrait chez nous

Fig. 25.

78 élèves : or, comme elle n'en contient que 48, chaque élève occupe environ 1^m,65.

La figure 25 fait voir de quelle façon les bancs sont groupés les uns par rapport aux autres, et aussi par rapport aux fenêtres, aux portes et à l'estrade du maître.

L'éclairage a lieu par 5 fenêtres ; la surface vitrée de

chacune est de 1^m,35 × 1^m,85, soit 2^m,50, et pour les cinq ensemble 12^m,50.

La classe contenant 48 élèves, la surface vitrée afférente à chacun d'eux est de 0^m,26.

Si, maintenant, nous prenons pour second exemple des dimensions données aux classes par rapport au nombre

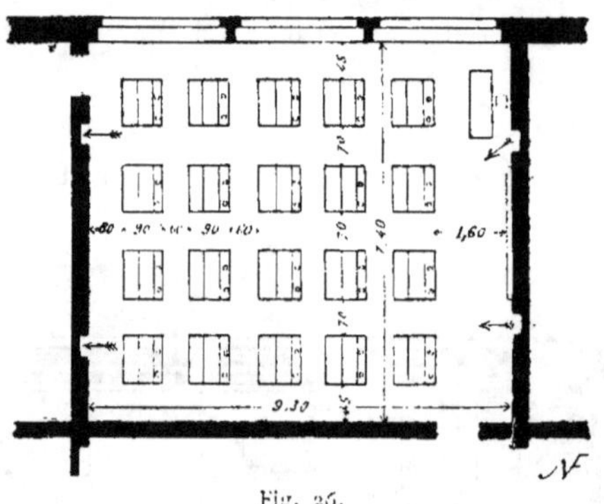

Fig. 26.

d'élèves qu'elles contiennent, la classe d'une école de ville [1], nous trouvons (fig. 26), pour la largeur de la classe :

```
4 bancs-tables de 1 mètre de long. . . . . . .   4m,00
2 passages le long des murs de 0m,80. . . . .   1m,60
3 passages latéraux de 0m,60 . . . . . . . . .   1m,80
                                                ─────
                            Soit. . . . . . .   7m,40 de large
```

puis :

```
Emplacement réservé au maître. . . . . . . .   1m,60
5 rangs de bancs à 0m,90. . . . . . . . . . .   4m,50
4 passages intermédiaires à 0m,60 . . . . . .   2m,40
1 passage extrême. . . . . . . . . . . . . .   0m,80
                                                ─────
                            Soit. . . . . . . . . .   9m,30 de long.
```

1. École de la Neuville, à Winterthur.

La classe, ayant 9^m,30 de long sur 7^m,40 de large, mesure donc 68^m,82 de surface, et chez nous contiendrait 69 élèves environ ; elle n'en contient que 40, chacun d'eux occupe donc 1^m,72. La situation est, par conséquent, encore plus favorable que dans l'exemple précédent.

L'éclairage s'obtient par trois fenêtres, la surface vitrée

Fig. 27

de chacune est de 2^m,60 × 3^m,20, soit 8^m,30, et, pour les trois, 24^m,90.

La classe contenant 40 élèves, la surface vitrée afférente à chacun d'eux est donc de 0^m,62.

La figure 27 montre l'intérieur de cette classe, et fait voir la disposition des siéges et des passages intermédiaires ; on peut ainsi constater quelles facilités sont laissées aux mouvements des enfants, combien ils sont, par couples, isolés les uns des autres et soumis d'une façon constante et effective à la surveillance des maîtres, qui peuvent en tous sens, sans rencontrer d'obstacles, traverser les lignes pour corriger les devoirs et en assurer la bonne exécution.

PAREMENTS DES MURS. — CLOISONS. — PLAFONDS.

Les parements des murs des classes sont, en général, unis ou recouverts de tableaux mobiles, modèles, dessins, inscriptions, exposés pendant les heures de leçon. Le tableau noir est au-dessus de la place du maître ou à côté, mais toujours en face des élèves et dans l'axe de la classe.

Le ton de la peinture qui recouvre les murs varie du jaune au gris et au vert. Les plafonds restent blancs. Leur surface est souvent coupée par la saillie d'une ou plusieurs poutres laissées apparentes, et le pourtour des murs indiqué par une corniche au moins inutile. Les cloisons qui séparent les classes des galeries, ou qui séparent les classes entre elles, restent pleines dans toute leur hauteur ; quelquefois, une petite ouverture, ménagée dans la porte d'entrée, facilite la surveillance du maître en chef, la rend prompte et imprévue.

ESCALIERS.

Nous avons déjà eu à signaler l'importance donnée aux vestibules et galeries d'accès. Les escaliers qui en forment comme la dépendance sont installés dans les mêmes conditions.

Ces escaliers sont de deux sortes, les escaliers des élèves et les escaliers des maîtres ou escaliers d'honneur.

C'est par les premiers que passent les élèves pour monter, descendre et se rendre dans les différentes classes. Ils sont placés bien en vue, occupent un point important dans une galerie ou un vestibule, sont très-clairs, très-faciles et par conséquent très-commodes. Les marches ont de 1^m,50 à 2 mètres de long, 0^m,15 et 0^m,16 de haut, 0^m,26 de foulée ;

les foulées trop larges gênent le pas des enfants. Les volées reviennent toujours sur elles-mêmes en se coupant à angle droit à leur rencontre du palier de repos; elles n'ont jamais

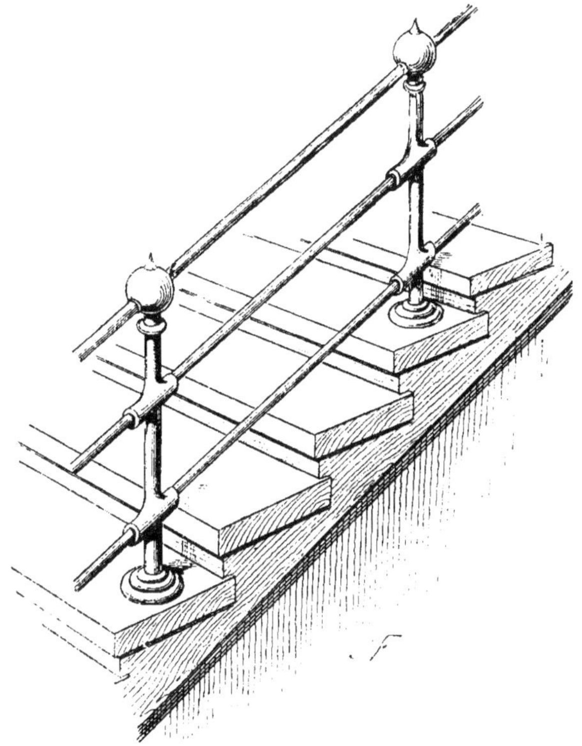

Fig. 28.

de partie circulaire. Ces escaliers sont, dans les écoles urbaines, le plus souvent construits en pierre et munis de rampe en fer et fonte, d'une plus ou moins riche ornementation.

La rampe fig. 28 est une des plus simples; elle se

composc d'une série de montants reliés ensemble par des
traverses assemblées sur ces montants, lesquels se terminent
par une boule saillante qui empêche les enfants de descendre à califourchon.

Une rampe de ce genre est très-résistante à l'œil, elle

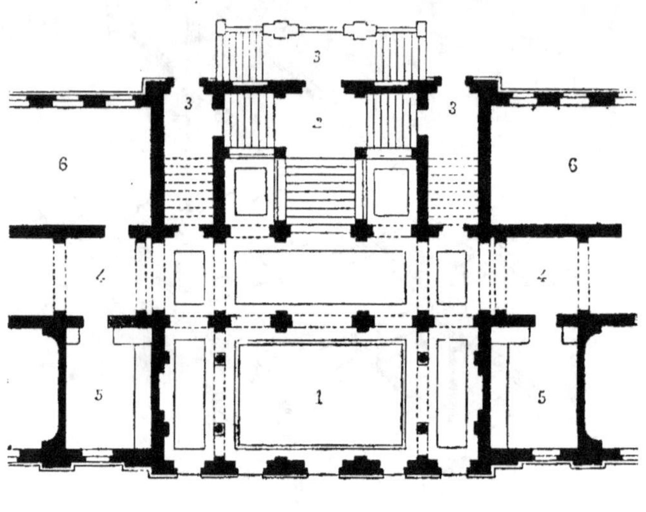

Fig. 29.

1. Vestibule.
2. Escalier d'honneur.
3. Passages et descente
dans la cour.
4. Galeries.
5. Salles de maîtres.
6. Classes.

est économique, a un aspect de fermeté et de durée rassu-
rant à voir. Le grand reproche qu'on peut lui faire, cependant, est de laisser entre les montants et les traverses un
espace assez considérable pour qu'un enfant puisse passer
au travers ; aussi, pour remédier à ce défaut, garnit-on ces

intervalles d'un treillis métallique à mailles très-larges, qui n'ôte rien à la rampe de son aspect général et n'en dénature pas la forme.

Dans les grandes écoles, les escaliers d'honneur réservés

Fig. 30.

aux maîtres prennent des proportions dignes des escaliers d'un palais; ainsi, dans l'école de la Théaterstrasse à Basel [1], l'escalier d'honneur est placé au fond d'un vestibule séparé en trois travées par des colonnes et des piliers accouplés (fig. 29). Des plates-bandes divisent le plafond en compartiments réguliers; les marches et les balustres de la rampe sont en pierre, la main courante est polie ainsi que les arêtes des profils (fig. 30). Le sol est en carreaux de pierre et l'ensemble produirait un certain effet si les proportions étaient

1. M. Stehlin, architecte.

plus heureuses et le ton général était moins monotone. L'aspect est théâtral et pompeux : ce n'est pas là une erreur, une surprise, mais un résultat calculé, une satisfaction

Fig. 31.

obtenue sur laquelle nous avons déjà insisté et à laquelle nous aurons encore l'occasion de revenir.

Les escaliers des écoles rurales diffèrent de la façon la plus complète de ceux que nous venons de voir. Ils restent le plus souvent placés à l'extérieur et exposés à l'air libre, mais la saillie du toit les abrite en totalité ou en partie. Ils sont entièrement en sapin et les découpures du bois, la variété des assemblages leur donnent un aspect pittoresque plein d'originalité (fig. 31) [1].

SALLES DE DESSIN. — SALLES D'EXAMEN.
SALLES DE MUSIQUE. — SALLES DE FÊTES.
SALLES DE MAITRES.

Les éléments du dessin sont enseignés dans chaque classe. Cet enseignement se borne aux principes les plus élémentaires et·n'a guère d'autre but et d'autre résultat que d'aider à faire distinguer ceux des élèves chez lesquels se manifestent une disposition particulière, une aptitude spéciale pour les arts du dessin. Ces élèves suivent alors des leçons professées dans des salles réservées à cet effet. Ces salles, placées à un des étages supérieurs, sont munies de meubles appropriés à leur distinction et éclairées par des fenêtres percées au nord. Les écoles urbaines d'une certaine importance ont seules des salles de dessin, les écoles de filles en ont bien rarement.

Les salles de musique (fig. 32) se rencontrent plus fréquemment que les salles de dessin; elles sont toujours très vastes, car elles doivent contenir un nombre d'assistants considérable.

Le goût de la musique est très-répandu dans tous les cantons de la Suisse allemande ; le personnel des sociétés chorales se recrute principalement parmi les jeunes gens sortant des écoles primaires : c'est là qu'il se forme, et les maîtres ne négligent rien pour développer chez leurs élèves la

1. *Die holz-Architektur der Schweiz,* von Gladbach. Zurich, Orell Fussli, 1876.

connaissance d'un art qui, pour tous, deviendra une occupation agréable et leur évitera peut-être d'aller chercher à la
taverne des distractions infiniment moins honorables.

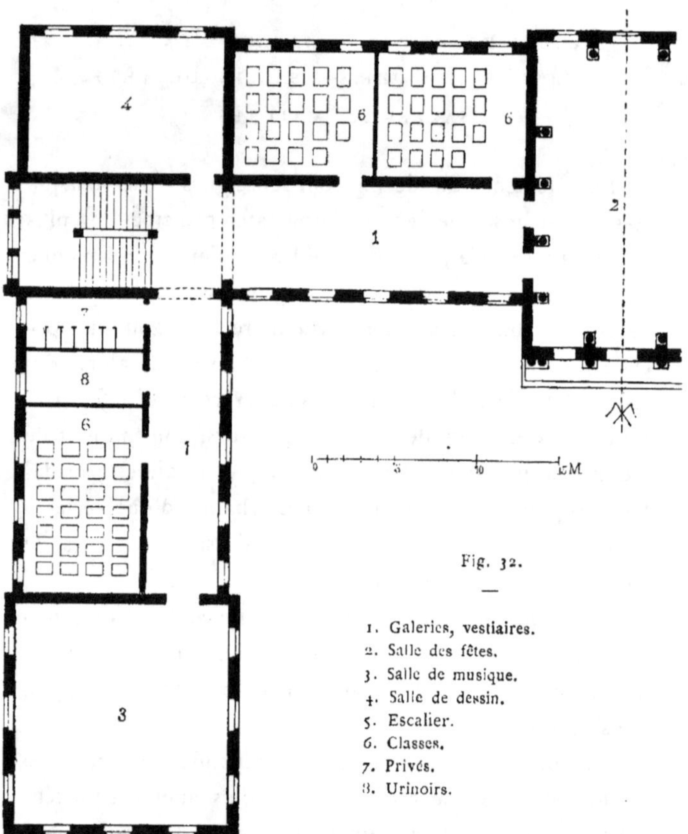

Fig. 32.

1. Galeries, vestiaires.
2. Salle des fêtes.
3. Salle de musique.
4. Salle de dessin.
5. Escalier.
6. Classes.
7. Privés.
8. Urinoirs.

La salle d'examen, comme son nom l'indique, sert à
réunir les élèves quand la commission d'enseignement vient,
à certaines époques, leur adresser une série de questions afin
de s'assurer des progrès qu'ils ont réalisés et de la manière

dont l'enseignement leur est donné. C'est également dans les salles d'examen que le directeur assemble les élèves pour leur faire une leçon générale, ou pour leur adresser une communication qui les intéresse tous. Ces salles, garnies de simples banquettes[1], peuvent contenir un très grand nombre de places; elles sont très simplement décorées et n'offrent à signaler que le but qu'elles ont à remplir.

Lors des fêtes nationales[2], ou à l'occasion de circonstances importantes qui se représentent plusieurs fois chaque année, les maîtres assemblent à la fois tous ceux de leurs élèves qui l'ont mérité par leur travail et leur conduite, et les font assister à une représentation théâtrale, à un concert, à une conférence... Ces réunions, qui sont une récompense pour ceux qui y prennent part, une distraction propre à exciter l'émulation des enfants, ont lieu dans une grande salle dite salle des fêtes, ménagée en général au dernier étage du bâtiment (fig. 33). La salle des fêtes communique le plus souvent avec la salle d'examen ou la salle de mu-

1. Chap. VI, mobilier.

2. La Confédération suisse se compose en réalité de trois nations différentes de langues, de mœurs et d'idées; à chaque instant de profondes dissidences religieuses viennent, en outre, mettre en lutte deux cantons voisins et, parfois même, diviser en deux partis la population d'un même canton. Ces luttes, ces dissensions intestines cessent par enchantement quand les prétentions de l'étranger menacent le sol natal. Afin d'empêcher la rupture du lien qui unit entre eux les divers cantons, et de surexciter le sentiment national, il s'est établi sur tout le territoire suisse des fêtes fédérales, tirs, concours, expositions locales, tantôt dans une ville, tantôt dans une autre, et qui ont pour résultat de rapprocher les populations diverses, de calmer les animosités et d'imposer à chacun des sentiments de paix et de concorde. L'enfance, de bonne heure, est appelée à prendre part à ces fêtes dont on lui fait comprendre le but noble et élevé.

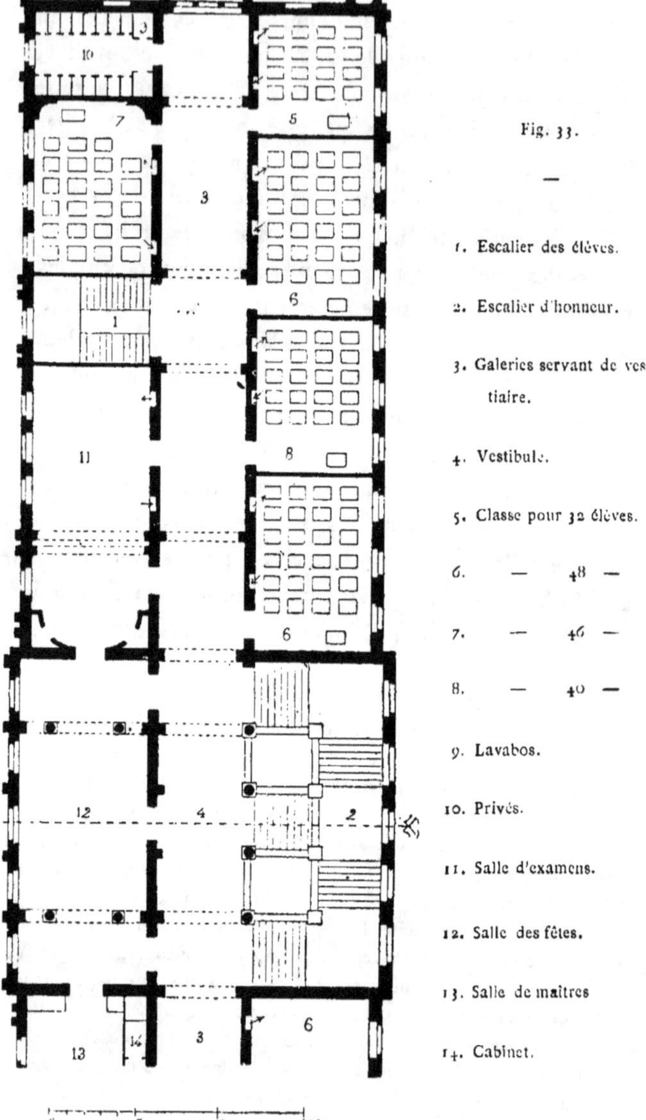

Fig. 33.

—

1. Escalier des élèves.

2. Escalier d'honneur.

3. Galeries servant de vestiaire.

4. Vestibule.

5. Classe pour 32 élèves.

6.   —   48   —

7.   —   46   —

8.   —   40   —

9. Lavabos.

10. Privés.

11. Salle d'examens.

12. Salle des fêtes.

13. Salle de maîtres

14. Cabinet.

sique, et sa surface s'accroît ainsi de celle de ces salles.

L'escalier d'honneur dessert exclusivement cette salle,

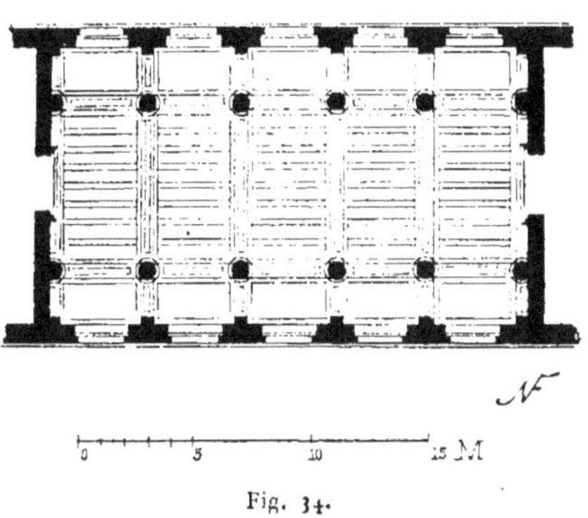

Fig. 34.

et les enfants ne pénètrent dans cette partie de l'édifice qu'à des jours véritablement solennels pour eux. Ils reçoivent de

Fig. 35.

ces fêtes une impression qu'augmente l'apparence relativement pompeuse donnée aux vestibules, à cette salle qu'il leur est si rarement accordé de voir de près.

Ceux qui ont mérité de prendre part à ces fêtes scolaires

passent aux yeux de leurs camarades, moins bien partagés, pour avoir conquis un plaisir dont ces derniers veulent profiter à leur tour; leur désir de bien faire s'éveille, leur ardeur au travail s'accroît, et leurs efforts tendent à acquérir le droit d'admirer les merveilles dont leur imagination d'enfant remplit cette grande salle (fig. 34) qu'une fois, par hasard, ils ont aperçue à travers l'entre-bâillement de la porte. Ces colonnes de stucs (fig. 35), ce plafond à caissons, ces murs couverts de peintures, ces boiseries à filets d'or leur semblent le salon d'un palais ; puis, pour arriver à cette salle, ils gravissent ce magnifique escalier par lequel encore

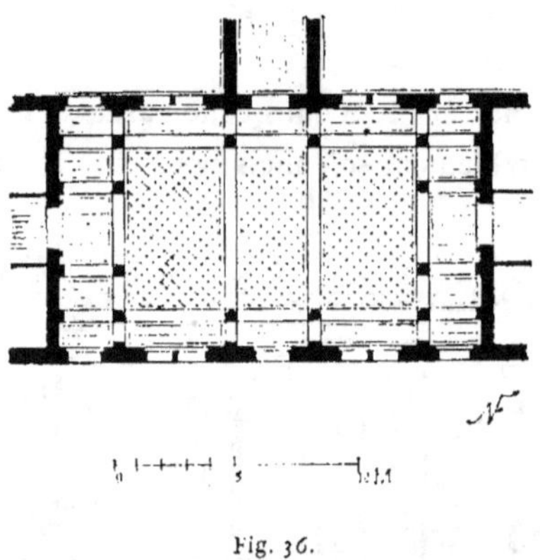

Fig. 36.

ils n'ont jamais passé; ils voient de près ces piliers, ces balustres en pierre polie, ils touchent ces panneaux de marbre éclairés par une lumière dont l'éclat éblouit leurs rêves.

Quand la surface de la salle ne suffit pas à contenir tous les spectateurs dont la présence est nécessaire, on a recours, pour augmenter cette surface, à des galeries placées

à mi-étage, faisant le tour de la salle (fig. 36) et se prêtant
à des dispositions souvent originales (fig. 37)[1].

Il faut aussi faire la part des parents, de l'ardeur qu'ils
déploient pour stimuler le bon vouloir de leurs enfants afin

Fig. 37.

de pouvoir les accompagner en ces grands jours et de prendre
part à leur triomphe et à leurs joies.

On comprend la différence qu'il y a, pour ces enfants
de condition si modeste, entre une fête donnée dans de
telles conditions et leur réunion dans un immense préau
froid, triste et nu, à travers lequel ils vont, viennent chaque
jour, qui ne leur rappelle aucune impression précisément

1. M. Axel, architecte.

agréable et où, la plupart du temps, on leur impose un exercice peu attrayant.

Ajoutons encore que, lors des fêtes scolaires, les garçons et les filles sont réunis et que cette réunion excite davantage l'émulation des uns et des autres, augmente leur désir de paraître et de produire une favorable impression.

L'enseignement par la méthode intuitive est très en faveur en ce moment. C'est dans les jardins d'enfants qu'il a pris naissance; il s'est ensuite développé, et son application s'étend maintenant aux écoles. C'est pour atteindre un but analogue à celui poursuivi dans les jardins d'enfants que les maîtres suisses ont réservé dans leurs écoles un local privilégié disposé de façon à frapper l'imagination de l'enfant, à impressionner son esprit et à faire naître en lui des idées nouvelles dont il gardera le souvenir.

Les écoles contiennent encore une dernière espèce de salles, les *salles de maîtres*.

Aucun maître n'est logé dans les écoles urbaines; les uns y viennent seulement à l'heure de la classe, les autres, au contraire, y passent tout le jour. Ces derniers ont besoin d'une salle, non pour prendre leurs repas, car ils vont les prendre chez eux, mais pour leur servir de vestiaire, de salle de lecture et de réunion.

Ces salles, au nombre de trois ou quatre, suivant l'importance de l'école, sont disposées à chaque étage. Les maîtresses chargées des tout petits enfants, celles chargées de l'enseignement des ouvrages à l'aiguille, ont une chambre à part; les maîtres élémentaires ont également la leur; enfin les maîtres des classes supérieures se réunissent dans une salle dont un corps de bibliothèque garnit les murs: une grande table occupe le centre de la pièce, elle est entourée de sièges confortables et, là, les maîtres peuvent consulter les ouvrages pédagogiques, les publications spéciales françaises et allemandes que reçoit l'école.

Ces salles de maîtres sont, en outre, accompagnées d'un petit cabinet contenant un lavabo et des privés; elles sont constamment chauffées et éclairées, et les maîtres peuvent en toute liberté s'y retirer pour travailler, préparer ou répéter leurs leçons entre les heures de classe et même pendant les longues soirées d'hiver.

Cette recherche, ce confort, ces égards pour les maîtres non seulement facilitent leur tâche et la rendent moins pénible, mais augmentent la considération dont ils sont entourés dans le public et le respect que leurs élèves doivent professer pour eux.

Le cabinet du directeur est en rapport avec les salles de maîtres; il est précédé d'une antichambre et placé autant que possible de façon à faciliter la surveillance de l'école. Ses dimensions lui permettent de servir de lieu de réunion à la commission de l'école et aux inspecteurs venant s'assurer que chacun accomplit régulièrement sa tâche.

BIBLIOTHÈQUE. — MUSÉE SCOLAIRE.

La bibliothèque scolaire est indépendante de la bibliothèque des maîtres. Les ouvrages qui la composent sont tout à fait différents, ils sont destinés aux élèves et comprennent deux catégories bien distinctes : les uns sont prêtés aux élèves en récompense de leur travail; les autres, au contraire, sont des livres spéciaux consacrés à l'enseignement, mais d'un prix trop élevé, d'un usage trop rare pour que les élèves puissent les acquérir : l'école les laisse consulter sur place ou même emporter à domicile suivant les circonstances.

Les musées scolaires renferment la collection de tous les instruments et modèles nécessaires à l'enseignement. L'énumération de ces divers objets nous entraînerait trop loin ; qu'il nous suffise de dire que beaucoup de nos lycées ont des cabinets de physique et d'histoire naturelle moins bien montés. Les collections d'oiseaux, d'insectes utiles ou nuisibles, de ceux qu'il faut détruire ou de ceux qu'il faut protéger, occupent là le premier rang.

Quand la propagation d'un insecte est reconnue comme devant nuire aux produits agricoles, quand on découvre un ennemi nouveau de la pomme de terre ou de la vigne, etc., le modèle grandeur naturelle de cet insecte est envoyé à toutes les écoles de Suisse, petites ou grandes ; ce modèle est déposé au musée scolaire, montré, expliqué à tous les élèves, et, alors, pendant le cours des promenades à travers champs, promenades entreprises sous la direction du maître, commence une chasse impitoyable à l'ennemi signalé.

Un autre genre de collection qu'on retrouve encore dans les musées scolaires et les classes de dessin est celui des divers modèles et méthodes préconisés pour l'enseignement des arts du dessin [1].

OUVROIRS. — SALLES DE TRAVAIL PROFESSIONNEL.

Les filles ont une salle spéciale dans laquelle elles se livrent à différents ouvrages de couture et à des travaux usuels

---

1 Parmi ces derniers, il nous faut citer : « *L'enseignement du dessin par les solides*, de MM. Sauvageot et Chédeville », traité aussi apprécié à l'étranger qu'il l'est en France.

à l'aiguille, surtout au raccommodage des vêtements. Cette salle est l'ouvroir, et, afin de donner le même avantage aux garçons, on a pour eux créé des salles de travail professionnel. Les élèves sont dans ces salles placés sous la direction de chefs ouvriers habiles qui leur donnent à la fois l'enseignement pratique et l'enseignement théorique. Une des salles les mieux pourvues et les mieux installées à cet égard est la salle d'horlogerie de l'école de garçons de Neufchâtel ; il va sans dire que ces salles ne peuvent servir qu'à certaines professions déterminées, ni trop bruyantes ni trop encombrantes.

ÉCLAIRAGE.

Le meilleur moyen à employer pour l'éclairage des salles de classes a depuis longtemps été étudié et résolu, il n'est donc plus aujourd'hui en question. La lumière devait dans le système adopté venir de gauche et être unilatérale. La première de ces conditions est à peu près généralement adoptée, la seconde n'est pas l'objet d'une approbation aussi unanime.

Les écoles suisses, se conformant en ceci à la tradition allemande, n'ont pas accepté l'éclairage unilatéral d'une façon absolue. Les petites classes, celles dont la surface est restreinte et qui contiennent 30 enfants par exemple, peuvent suffisamment être éclairées au moyen de fenêtres percées dans un seul de leurs murs; mais la situation n'est plus la même lorsqu'il s'agit d'une classe très nombreuse, contenant par exemple 60 enfants (les classes des tout petits enfants atteignent parfois ce nombre). Par suite de la place accordée à chaque élève, les classes de ce genre sont forcément très-vastes et deviendraient facilement obscures si elles étaient éclairées d'un seul côté. On ne peut, en pareil cas, se contenter du jour de gauche et on n'hésite pas à en ouvrir également en arrière des élèves. Il faut bien faire observer que cette disposition offre d'autant moins d'inconvénients que ces élèves sont plus jeunes et occupés à un travail plus élémentaire. La plupart, en effet, se bornent à lire ou à écrire, à examiner quelques tableaux appliqués contre les murs.

CHAUFFAGE ET VENTILATION.

La question du chauffage et de la ventilation des classes a été l'objet des solutions les plus variées ; chacun a apporté la sienne. Les Suisses ne sont pas restés en arrière; ils ont perfectionné les anciens systèmes, en ont appliqué de nouveaux. Les passer tous en revue serait sans intérêt, et nous croyons préférable de ne nous occuper que des appareils offrant une amélioration ou une différence avec ceux déjà connus.

Avant d'entrer en matière, nous citerons l'extrait d'un mémoire[1] traitant la question au point de vue général et développant des considérations théoriques connues peut-être, mais qu'il est cependant toujours utile de rappeler.

« Toute salle d'école doit présenter des dimensions en rapport avec le nombre des élèves qu'elle contient. La quantité d'air pur nécessaire à la respiration humaine ayant été déterminée à plusieurs reprises, c'est sur les chiffres fournis par l'expérience qu'il faut baser le calcul des dimensions à adopter. D'après Lavoisier, un homme absorbe en

---

1. *Bulletin de la Société vaudoise des ingénieurs et des architectes.* W. H. de Saint-Georges. Lausanne, Bridel, 1875.

24 heures 25,04 pieds cubes d'oxygène ; les enfants consomment tout autant d'oxygène que les hommes, car la moindre dimension de leur capacité thoracique est contre-balancée par une fréquence plus grande des mouvements respiratoires. 100 pieds cubes d'oxygène atmosphérique contiennent en moyenne 21 pieds cubes d'oxygène ; pour la dépense de 24 heures, il faut donc environ 109,5 pieds cubes d'air par personne. — Supposez une classe contenant 50 élèves pendant 7 heures , ils consommeront pendant ce temps 365 pieds cubes d'oxygène correspondant à un volume d'air de 1,825 pieds cubes.

Si la classe a 30 pieds de long sur 20 de large, la couche d'air située jusqu'à 4 pieds au-dessus du sol, c'est-à-dire à la hauteur du sommet de la tête des plus grands enfants dans la position assise, sera de 2,400 pieds cubes, et au bout de 7 heures 1,825 pieds cubes auront été employés, ne laissant que 575 pieds cubes d'air normal à la disposition des enfants, et la couche d'air dans laquelle ils se trouveraient plongés contiendrait seulement 8 % environ d'oxygène, tandis que l'air respirable normal en contient 21 %. De là l'importance qu'il y a à donner de la hauteur aux salles d'école ; car, quels que soient la place et le bon aménagement des bancs, si le plafond est trop bas, l'hygiène en souffrira. Il semble qu'on devrait prendre 3 mètres pour limite inférieure de la hauteur à donner à toute salle d'école destinée à réunir un grand nombre d'élèves pendant plusieurs heures consécutives.

Mais le cube d'air n'est pas la seule question ; l'air lui-même doit être sans cesse renouvelé, de telle sorte qu'à la fin des heures de leçons il soit aussi pur qu'au commencement ; en d'autres termes, il faut que la ventilation soit combinée de manière à introduire dans la classe une quantité d'oxygène égale à celle qui à chaque instant est absorbée par la respiration des élèves.

Il est un préjugé sur lequel on s'appuie trop souvent, et qui est tellement enraciné, qu'il est assez difficile à combattre. On dit que la ventilation doit se faire au moyen des portes et des fenêtres, qu'on ouvrira pour laisser entrer l'air; erreur profonde, courant d'air et vent coulis sont tout autre chose que la ventilation proprement dite. C'est ce qui ressort de la définition précédente. Autant la ventilation est bienfaisante et indispensable, autant les courants d'air sont funestes et méritent d'être supprimés.

Une bonne ventilation suppose un renouvellement constant de l'air, sans qu'il y soit besoin d'ouvrir portes et fenêtres. Dans ce but, le meilleur système employé jusqu'ici consiste à amener l'air pur du dehors par un canal passant sous le plancher de la salle ou du vestibule. La prise d'air doit être fort large et proportionnée aux dimensions de la salle. Une prise d'air trop étroite déterminerait une aspiration plus violente, et nous tomberions dans le courant d'air à éviter. Pour que la prise d'air amène, en été, de l'air aussi frais que possible, il est bon de la placer au nord et dans quelque angle de muraille où le soleil ne donne pas. Le canal de prise doit être en communication avec le calorifère, ou appareil de chauffage quelconque, adopté pour l'hiver; il sert ainsi en hiver à réchauffer la salle, comme en été il sert à la rafraîchir.

La hauteur à laquelle la prise d'air pur arrive dans la salle n'est point indifférente; les expériences faites à Paris en 1855 et 1856 à ce sujet, et les différents rapports publiés jusqu'ici, tendent à prouver que la hauteur des épaules de l'homme debout est celle qui est la plus favorable : d'abord, parce que la couche d'air dans laquelle plongent les organes respiratoires de l'homme se trouve ainsi subir directement l'influence de l'introduction de l'air pur; ensuite, parce que, dans les salles de hauteur ordinaire, c'est dans ces conditions que la température moyenne reste la plus constante aux différents points de la salle. Il va sans dire que l'ouverture donnant accès à l'air extérieur doit aussi être de grandes dimensions, afin que cet air arrive avec une vitesse presque nulle.

Mais il ne suffit pas d'amener de l'air pur dans les salles, il faut également assurer l'expulsion de l'air vicié.

Les canaux à large section ayant leur ouverture au niveau du plancher de la salle sont ceux qui donnent les meilleurs résultats. L'emplacement le plus favorable se trouve aux angles de la salle et contre la paroi faisant vis-à-vis à celles où débouchent les orifices de l'air pur. De cette façon, l'air sain arrivant dans la salle est obligé de la traverser tout entière avant de trouver les canaux de sortie, et la pureté de l'atmosphère reste constamment la même. Il vaut mieux ne pas placer les canaux de sortie de l'air vicié vis-à-vis de ceux qui amènent l'air salubre, car il pourrait alors s'établir un courant plus ou moins direct entre ces deux orifices, courant qui laisserait sans les revivifier des tranches d'air entre eux. Ces canaux de sortie pour l'air vicié doivent être construits soit en planches soigneusement rabotées intérieurement et bien jointes, soit en briques de champ bien glacées au plâtre dans l'intérieur du canal, afin de présenter à l'air le moins de résistance possible. Il va sans dire que des portes, faisant l'office d'obturateur de ces canaux, doivent être placées dans la classe à l'issue de chacun de ces orifices.

Les canaux de sortie de l'air vicié doivent être prolongés jusque sur le toit et y avoir la même hauteur que les cheminées. Il est fort recommandé de faire passer un canal de cheminée tout à côté de celui qui sert à l'air vicié, afin que, la chaleur de la cheminée réchauffant l'air du canal de ventilation, il se forme ainsi un courant d'air ascendant qui emporte les gaz méphitiques. Pour nos écoles primaires qui ont une moyenne de 40 à 50 enfants, deux canaux de ventilation de 60 à 90 centimètres carrés de section suffisent au maintien de l'air de la salle dans un état de pureté satisfaisant.

Une question reste encore à examiner, et, malgré toute la bonne volonté qu'on peut mettre à la résoudre, il faut avouer qu'il est difficile de le faire d'une manière entièrement satisfaisante. — Il s'agit du chauffage.

Les fourneaux en fonte, placés à l'intérieur de la salle, sont entièrement à rejeter ; il est reconnu, en effet, que la fonte rougie distille de l'oxyde de carbone, gaz éminemment délétère ; de plus, s'ils ont l'avantage de procurer rapidement un élèvement notable de température, ils ont aussi l'inconvénient de se refroidir très rapidement. La mauvaise odeur qu'ils répandent vient en grande partie de ce que, lorsque les poussières tenues suspendues dans l'atmosphère viennent en contact avec la surface de la fonte portée à une haute température, elles se brûlent et donnent naissance à des gaz d'odeur désagréable.

Enfin l'inconvénient majeur de ce genre de chauffage, c'est qu'il puise l'air nécessaire à la combustion dans la salle même, en échauffant l'air ambiant, sans le renouveler convenablement. Ce dernier inconvénient existe pour tout appareil placé complètement dans la salle d'école, qu'il soit en fonte, en faïence ou en grès.

On a cherché à remédier à ce mal en mettant la porte du fourneau à l'extérieur, de manière à ce qu'il s'allume depuis le corridor. Mais on tombe alors dans une autre faute, car, dans ce cas, il n'y a aucun renouvellement d'air possible dans la salle. Dans les bâtiments de construction récente, on s'est servi de calorifères. C'est incontestablement un des meilleurs modes de chauffage, mais il n'est pas applicable partout, et son emploi exige des soins assez minutieux. Plusieurs expériences ont prouvé que, si le calorifère est excellent dans de grands bâtiments d'école où 200 ou 300 enfants se réunissent journellement, et dans lesquels un homme peut être tout spécialement chargé du soin de l'appareil, il en est tout autrement dans nos villages, où les trois quarts du temps le maître d'école doit être en même temps chauffeur. Nos instituteurs n'aiment guère à se lever à quatre heures et demie ou cinq heures du matin, au mois de décembre, pour aller allumer le calorifère de l'école, de manière à ce que la classe soit à la température voulue à huit heures du matin. Le calorifère dont je parle ici est celui qui se chauffe au moyen de coke ou de charbon. Il exige des soins de nettoyage de foyer assez longs et minutieux; l'instituteur, après une journée fatigante passée à instruire ses élèves, n'aime guère non plus à consacrer au moins une demi-heure à nettoyer le fourneau de son calorifère, à enlever les cendres, etc. Ce système a, de plus, l'inconvénient d'être assez cher et, en outre, de présenter certaines difficultés pour régler l'arrivée de l'air chaud dans les différents locaux, suivant la température extérieure ou le vent régnant.

Le meilleur système de chauffage, surtout pour ce qui

concerne nos écoles rurales, c'est le calorifère irlandais, avec quelques modifications très simples et peu coûteuses. Autour du fourneau on établit une chemise en tôle, munie de nervures correspondant à celles de la fonte et disposées de telle façon que l'air soit obligé de lécher les parois de l'appareil chauffeur sur la plus grande surface possible; il faut se garder d'arrondir les coins et d'adoucir les angles, car, plus l'air éprouvera de frottement dans ce parcours, plus lentement il l'accomplira, et plus il restera longtemps en contact avec la surface de chauffe. L'intervalle entre la chemise et le fourneau est en communication directe avec l'air extérieur, au moyen d'un manchon s'adaptant à une tubulure fixée dans le plancher de la salle. Cette tubulure est un des orifices d'un canal formé simplement de quatre planches soigneusement rabotées et assemblées, fixé au poutrage qui soutient le plancher; l'autre orifice aboutit en plein air dans les conditions énoncées ci-dessus.

Tout au haut des parois verticales de la chemise, se trouvent plusieurs orifices d'assez grandes dimensions, offrant une large issue à l'air échauffé; une fermeture à glissoir, commune à tous les orifices, permet de régler l'air à volonté. Il est important que l'air amené par le canal ventilateur n'ait absolument pas de contact avec la salle, si ce n'est par le moyen des orifices supérieurs qui viennent d'être décrits.

Voici les avantages que semble réunir ce mode de chauffage : « bon marché et entretien très facile, vu que toutes les pièces sont apparentes et au grand jour; faible dépense de combustible, entretien du feu absolument nul pendant les heures de leçon; chauffage très suffisant, ventilation excellente en hiver comme en été; enfin, la chemise en tôle ne s'échauffant que très faiblement, les élèves à proximité du fourneau ne souffrent pas d'un excès de chaleur, l'air qui passe sur la surface chauffée n'est que très peu chargé de ces poussières organiques et inorganiques qui remplissent toute salle où se trouvent plusieurs personnes, et, par conséquent, n'a pas de mauvaise odeur. »

Il nous faut maintenant examiner les appareils en usage dans quelques écoles.

École de la Neuville à Winterthur [1].

Le chauffage de l'école de la Neuville s'opère en élevant la température de l'air au moyen de la vapeur et en la transportant dans les salles à l'aide d'un ventilateur propulseur.

La chaudière établie dans une partie du sous-sol, située en dehors des murs d'enceinte (fig. 38), produit de la vapeur à une ou deux atmosphères de pression effective. Cette vapeur sert à la fois au chauffage d'un serpentin, composé de 42 tubes de 180 millimètres de diamètre et de 3 mètres de longueur normale (fig. 39), et à l'alimentation d'une petite machine à vapeur accouplée directement avec le ventilateur : la vapeur de décharge de cette petite machine est également utilisée pour le chauffage.

La machine à vapeur est placée directement en face de l'emplacement qu'occupe le serpentin, elle aspire l'air frais du dehors et le refoule dans la salle en lui faisant parcourir le serpentin. La marche du ventilateur peut être plus ou moins active.

1. Gebrüder Sulzer, ingénieurs-constructeurs à Winterthur.

La vitesse de l'air dans les canaux de circulation est ordinairement de 0^{m},700 par seconde, elle a été portée au double sans que cette augmentation de vitesse ait présenté des inconvénients.

L'entrée de l'air chaud dans les salles se trouve à 2 mè-

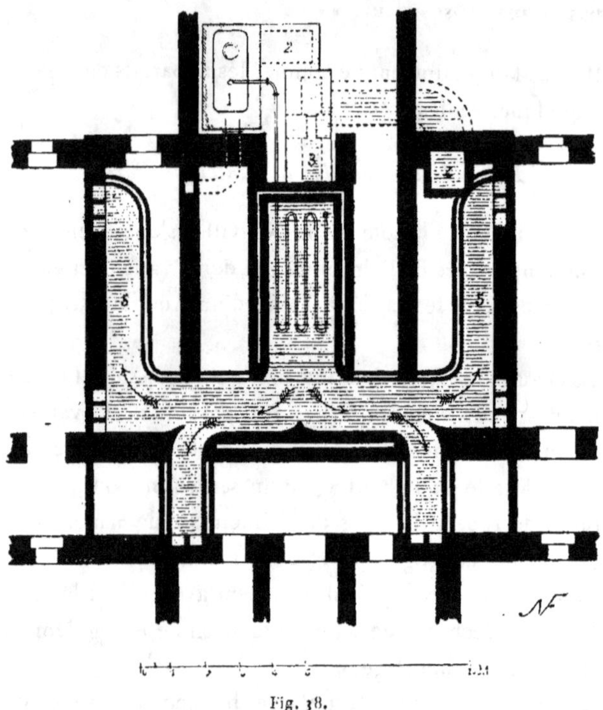

Fig. 38.

tres au-dessus du plancher, tandis que la sortie de l'air vicié a lieu par des orifices ménagés directement au niveau de ces planchers. L'air pur entrant pousse simplement l'air vicié qui est expulsé par les orifices d'évacuation et entraîné dans des conduits jusqu'au-dessus du toit.

Une salle contenant 2,000 mètres cubes doit, suivant les conditions imposées, être chauffée avec un renouvellement d'air de 2 fois par heure. Des essais ont été faits en renou-

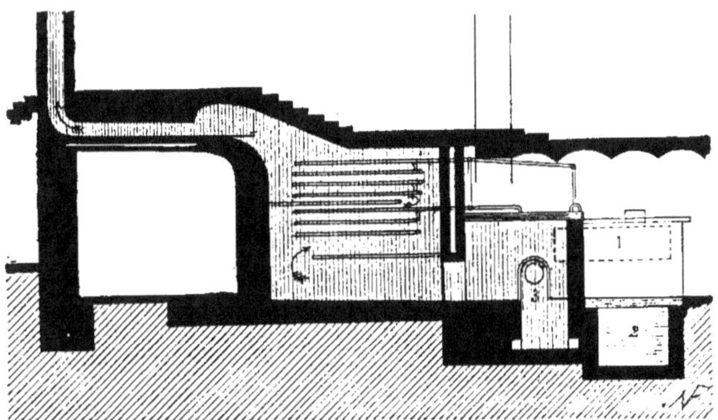

Fig. 39.

velant l'air 4 et 5 fois par heure et l'air intérieur a toujours été reconnu de même nature que l'air extérieur.

La température de l'air entrant dans les salles est d'environ 26 degrés Celsius.

L'installation de ces appareils a donné lieu à une dépense de 12,000 francs environ. L'école contenant 300 enfants, c'est donc une dépense de 40 fr. pour chacun.

École Sainte-Clara, Petit-Bâle[1].

Le chauffage de l'école Sainte-Clara du Petit-Bâle s'effectue au moyen d'un calorifère à eau chaude, combiné avec un ventilateur fonctionnant par aspiration.

1. Gebrüder Sulzer, ingénieurs à Winterthur.

La chaleur est, dans ce système, transmise par l'eau élevée à une température de 100 degrés au lieu de l'être par la va-

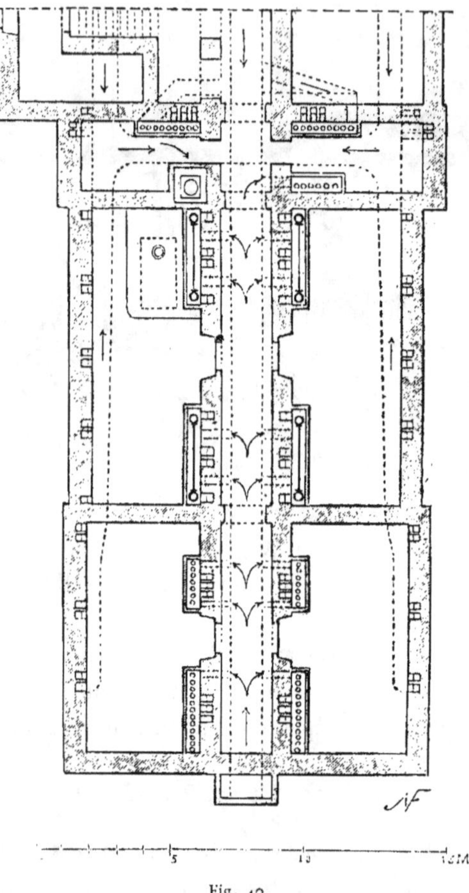

Fig. 40.

peur, et la pression ne dépasse pas une demi-atmosphère effective.

Les serpentins sont divisés par groupes (fig. 40) et placés autant que possible au-dessus des salles à chauffer ;
pour éviter toute déperdition de chaleur, ces serpentins
sont entourés d'une enveloppe en maçonnerie.

Un canal spacieux amène l'air extérieur dans le socle

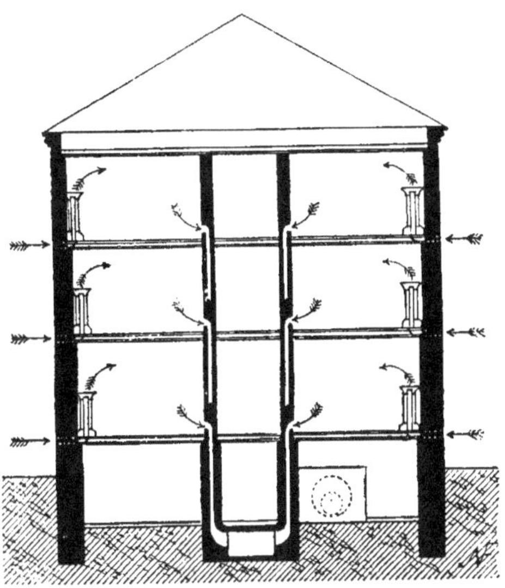

Fig. 41.

des serpentins ; là, il se réchauffe, puis se distribue dans
chaque salle. L'orifice d'introduction est placé à $2^m,40$ au-
dessus du sol (fig. 41), tandis que les orifices d'évacuation
sont directement au-dessus des planchers.

L'air vicié est ramené en cave par les conduits d'évacuation, et réuni dans un collecteur central. La chaleur de
la cheminée du calorifère détermine dans ce collecteur une
aspiration qui entraîne l'air vicié au-dessus des combles.

Les salles à chauffer représentent une capacité de 6500^{mc} environ, l'introduction de l'air pur est calculée à raison de 12^{mc} par heure et par enfant.

La dépense effectuée pour ces travaux de chauffage et de ventilation s'est élevée à la somme de 50,000 francs, soit 50 fr. par enfant.

Ces deux systèmes, celui de l'école de la Neuville et celui de l'école de Sainte-Clara, diffèrent par les moyens mis en œuvre, mais les résultats sont identiques, aussi complets et aussi favorables que possible.

École de filles de Genève[1].

Les appareils employés pour le chauffage de l'école de filles de Genève, au lieu d'être à vapeur ou à eau chaude comme les

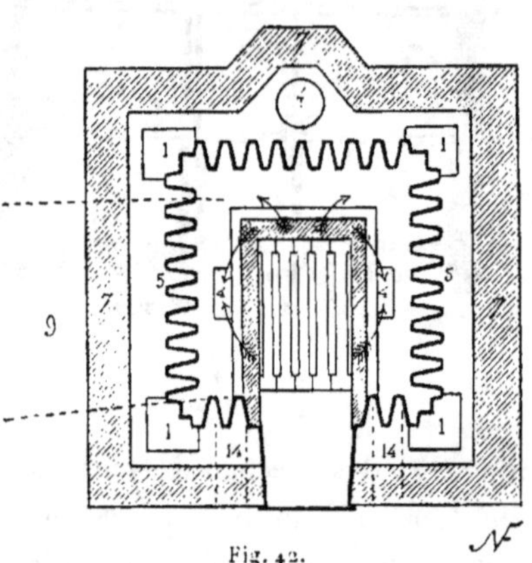

Fig. 42.

précédents, sont au contraire à air chaud[2]. Le foyer (fig. 42) se compose de plaques cannelées en fonte fondues d'une

1. Voir fig. 13, 14 et 15.
2. Kerremans et Chevalier, constructeurs à Genève.

seule pièce et assemblées avec des boulons; la partie supérieure formant couvercle pénètre dans une rainure garnie

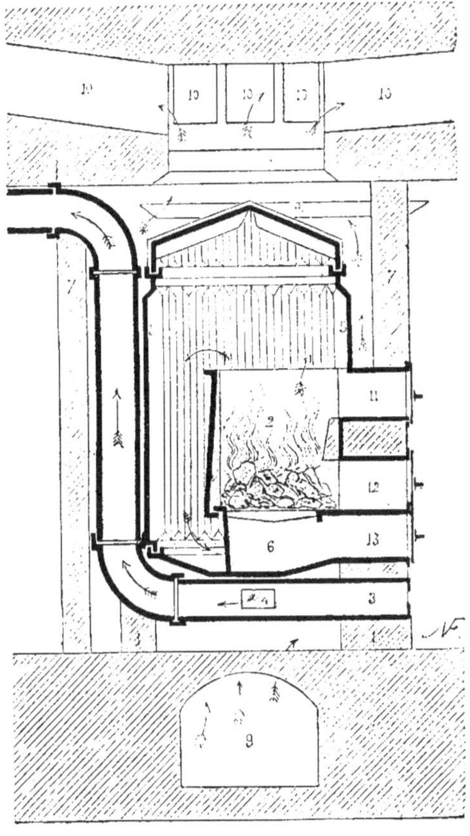

Fig. 43.

de sable qui permet d'obtenir une fermeture hermétique
(fig. 43). Les cannelures des plaques de tôle étant très
allongées présentent une très grande surface de chauffe et,

par conséquent, demeurant à une températnre relativement modérée ; ce développement de la surface de chauffe dans un espace restreint permet, en outre, de parfaitement utiliser tous les produits de la combustion sans compliquer ni allonger la circulation des conduits de fumée dont l'issue est

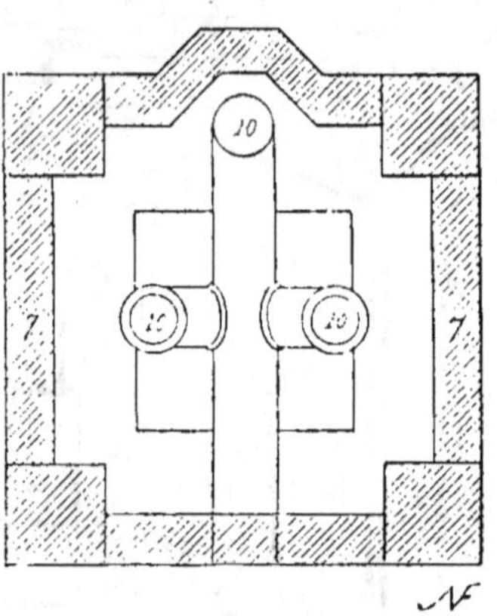

Fig. 44.

placée au-dessous du foyer, tandis que les conduits d'air chaud sont au contraire placés à la partie supérieure (fig. 44).

Au-dessus de la plaque, formant le couvercle de l'appareil, est adapté un réservoir d'eau disposé de façon à ce que l'air pris en dehors puisse, avant son introduction dans les salles, être saturé d'un certain degré d'humidité.

Ces appareils se placent en cave et, alors, chauffent à la fois un plus ou moins grand nombre de salles, ou bien ils sont de dimensions beaucoup moindres et se placent isolés pour chauffer une salle unique. Une enveloppe de briques recouvre la partie métallique, empêche le rayonnement et

évite la trop rapide déperdition de chaleur, en même temps
qu'elle s'oppose à ce que les animalcules et les gaz con-

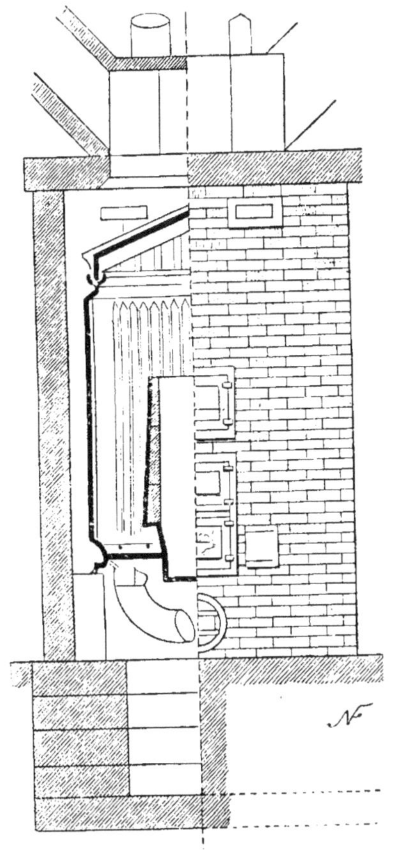

Fig. 45.

tenus dans l'air ne viennent brûler à la surface du foyer,
condition indispensable pour les appareils placés à l'intérieur des salles (fig. 45). Cette enveloppe est percée de

plusieurs orifices ménagés les uns au-dessus des autres, le plus bas est celui de la prise d'air, le second, celui du cendrier, le troisième sert à activer le tirage et à tisonner, le quatrième est la porte de chargement, et les deux ouvertures latérales, enfin, sont celles des tampons de ramonage.

Les conduits amenant l'air chaud dans les salles ont une grande section ; l'air peut donc être émis par grandes quantités à une température assez basse, 0,30 degrés centigrades.

Quant à la ventilation, elle s'opère au moyen de bouches d'évacuation ménagées à 1^m,50 au-dessus du sol et aboutissant à un conduit collecteur traversé par le tuyau de fumée dont la chaleur détermine une aspiration suffisante.

Chauffage et ventilation.
(Système Salvisberg[1].)

Ce système met en pratique un principe indiqué par la commission de chauffage et de ventilation de la ville de Paris, principe qui, croyons-nous, n'avait pas encore reçu son application.

Le chauffage s'opère au moyen d'un appareil à air chaud placé en sous-sol (fig. 46); la prise d'air a lieu de l'extérieur par un conduit à large section que termine, à sa sortie du sol, une petite construction protégée par une grille d'entourage. L'air frais arrive au foyer, s'y échauffe et se distribue dans la salle par un canal régnant au-dessus des fenêtres dans tout le pourtour de la pièce. Cette disposition est discutable au point de vue de la bonne distribution de la chaleur et de la forme qu'elle impose aux fenêtres,

1. M. Salvisberg, architecte à Berne.

mais la nouveauté du système repose sur le mode d'expulsion de l'air vicié. En effet, au lieu d'être absorbé par des

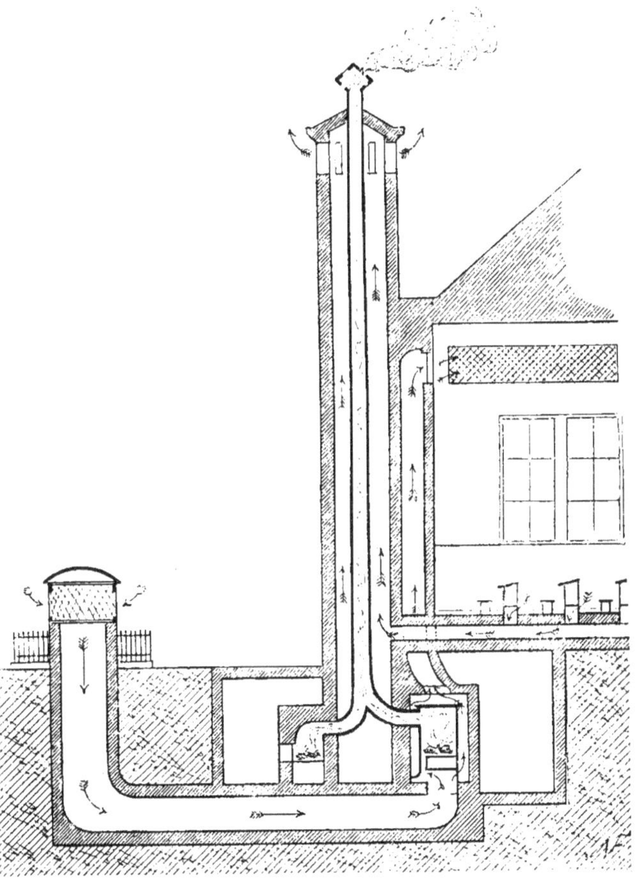

Fig. 46.

orifices ménagés le long des parois des murs, au niveau des
planchers ou à une certaine hauteur au-dessus, cette

absorption se fait au moyen d'orifices ménagés dans les pieds des tables des élèves, construites à cet effet d'une façon spéciale (fig. 47); l'air vicié trouve ainsi des issues nombreuses, d'une section aussi grande qu'on peut le

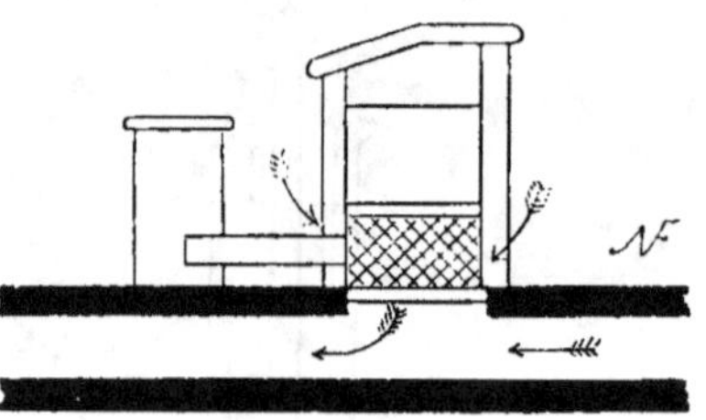

Fig. 47.

désirer, puisque rien ne s'oppose à ce que tout le dessous des planchers soit occupé par un réseau de canaux, sans que le nettoyage des salles devienne difficile ou incomplet, comme cela arrive lorsque les orifices d'évacuation sont ménagés à travers les feuilles du plancher lui-même.

La forme proposée pour les meubles est fâcheuse, mais c'est, au point de vue de la ventilation, une question de détail facile à améliorer.

L'air vicié absorbé par les orifices d'évacuation est ensuite amené dans une cheminée d'appel. Le tuyau de fumée, qui traverse cette cheminée, y détermine par sa chaleur l'aspiration nécessaire. Lorsque le calorifère n'est pas allumé, un foyer à combustion lente, placé au bas de la cheminée d'appel, supplée à la chaleur du tuyau de fumée et assure ainsi la ventilation des salles.

III

DIFFÉRENTS TYPES DE MAISONS D'ÉCOLE

PLANS. — COUPES. — ÉLÉVATIONS. — ÉCOLES RURALES.
— ÉCOLES URBAINES.

École rurale mixte[1] *à Duillier (Vaud).*

Le plan général de l'école (fig. 1) a montré l'emplacement qu'elle occupait et l'orientation qui lui avait été donnée. A l'intérieur, ce bâtiment comprend, au rez-de-chaussée (fig. 48), deux classes, l'une consacrée aux grands élèves, l'autre aux petits. Chaque classe a son entrée distincte et possède un vestibule vestiaire au fond duquel se trouve un escalier desservant les logements du premier étage[2].

La grande classe (fig. 24 et 25) contient 48 élèves des deux sexes assis, sans qu'aucune séparation les distingue, sur des bancs à deux places. Cette classe est éclairée en arrière et à gauche des élèves; de chaque côté de l'estrade du maître se trouvent les portes d'entrée des privés, mis en communication directe avec la classe et distincts pour chaque sexe. Une porte donne également accès de la

1. M. W. H. de Saint-Georges, architecte.
2. Voir la monographie complète de cette école dans l'*Architecture scolaire*, par Félix Narjoux. Librairie Morel, Paris, 1879.

classe dans un petit porche qui précède les cours de récréation, chaque sexe ayant la sienne.

La petite classe contient 8 sièges, recevant chacun
5 petits enfants, soit 40 en tout. A la suite de ces bancs
sont d'autres sièges qui entourent une grande table et qui

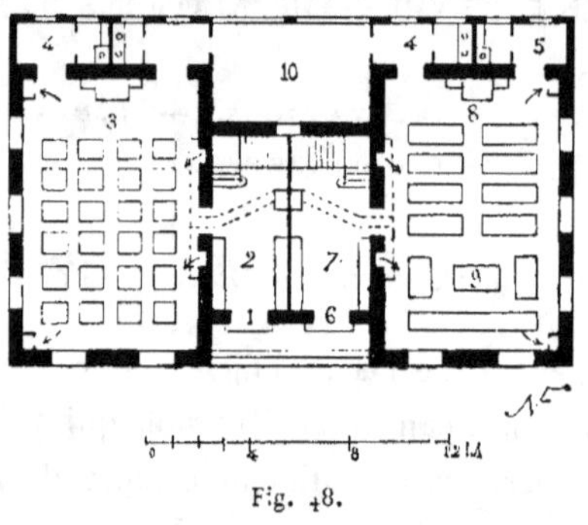

Fig. 48.

1. Entrée de la grande classe.
2. Vestiaire.
3. Grande classe.
4. Privés des garçons.
5.   Id.   des filles.

6. Entrée de la petite classe.
7. Vestiaire.
8. Petite classe.
9. Atelier de couture.
10. Galerie.

sont destinés aux jeunes filles apprenant les divers ouvrages
de couture.

Ces deux salles sont exactement semblables comme
dispositions et comme dimensions; leur hauteur sous plafond est de 3^m,60. Les châssis des fenêtres, ouvrant à la
partie inférieure, sont mobiles et se rabattent à la partie
supérieure. Des rideaux, enroulés sur un cylindre placé à la
hauteur du linteau des fenêtres, les défendent contre le
soleil. Le chauffage s'opère au moyen d'un calorifère à air
chaud placé dans le sous-sol, sous la cloison séparant le

vestiaire. Les orifices par lesquels l'air chaud se répand à l'intérieur sont placés à 2 mètres au-dessus du sol. Des cheminées d'appel, renvoyées dans les angles, assurent l'évacuation de l'air vicié.

Le premier étage (fig. 49) contient la bibliothèque

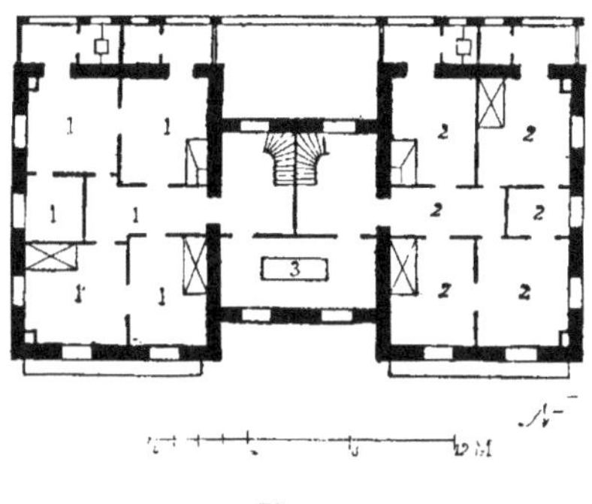

Fig. 49.

1. Logement du maître.   2. Logement de la maîtresse.
3. Bibliothèque communale.

communale et deux logements, l'un pour le régent [1] chargé de la classe des grands, l'autre pour la régente, chargée de la classe des petits et de l'enseignement des leçons de couture. Chacun de ces logements se compose d'une cuisine, d'une salle, de deux chambres à coucher, d'un cabinet et de privés. Ces pièces ont des dimensions très suffisantes, mais l'emplacement occupé par les privés n'est pas heureux, car il oblige les habitants à traverser la salle pour s'y rendre. Chacun des locataires a, en outre, la jouissance d'un jardin annexé à l'établissement.

[1]. Dans la plupart des cantons on désigne le maître par le nom de *régent* et la maîtresse par celui de *régente*.

9

Les façades (fig. 50 et 51) ont bien le caractère qui convient à une école : la construction est très soignée, les angles des bâtiments et les encadrements des ouvertures sont en pierre dure, le reste des murs en moellons recou-

Fig. 50.

verts d'enduit ; les découpures en bois qui règnent le long des rampants du toit, pour former la balustrade des balcons et les remplissages des pignons, donnent à l'ensemble un aspect tout à la fois gai et modeste.

L'école de Duillier a coûté 58,000 francs.

Elle couvre 264 mètres carrés, chaque mètre revient donc à 220 francs.

Elle contient 100 enfants ; chacun d'eux coûte donc

580 francs, chiffre qui paraîtrait énorme en France pour

Fig. 51.

une école de village, mais que nous verrons, plus loin, plus que doublé, en Suisse, dans les écoles de petites villes.

Écoles de l'Oberland.

C'est dans l'Oberland que se trouvent les écoles les plus pittoresques et en même temps les plus simples et les plus économiques. Dans cette partie de la Suisse, les communes ou les hameaux se trouvent à de grandes distances les uns des autres, et bien souvent plusieurs hameaux réunissent leur population et leurs ressources pour avoir une école communale. Isolée dans la montagne, à des hauteurs vertigineuses, perdue au milieu des neiges qui l'entourent une grande partie de l'année, l'école doit se suffire à elle-même, se défendre contre le froid, la

neige, la pluie, le vent et la chaleur ; elle exige par conséquent une construction particulière, l'emploi de matériaux spéciaux, toutes conditions à la satisfaction desquelles se prètent parfaitement les édifices de bois. Une
grande simplicité de combinaison est aussi nécessaire que
l'absence de formes compliquées, afin de supprimer dans la
limite du possible les réparations d'entretien d'une exécution toujours si difficile à la campagne. Les ouvriers manquent ou demeurent à de grandes distances ; l'emploi
exclusif des matériaux du pays, de ceux qui se trouvent vers
la maison, de ceux que les gens de la localité savent préparer et réparer, s'impose donc d'une façon absolue.

Les chalets à la silhouette si connue, avec leur toit saillant, leurs balcons en encorbellements, leur toiture rouge
chargée de grosses pierres, leurs parements de bois peints
en brun, égayés par les fleurs qui grimpent follement tout
autour, sont la construction classique du pays, celle que
chacun connaît, et qui convient si bien au climat et aux
habitudes locales.

Nous n'avons pas ici à discuter ni à faire valoir le mérite
des constructions de bois, non plus qu'à indiquer les règles
à suivre pour leur érection[1]; mais il nous faut, en revanche,
rappeler l'aspect de ces jolis petits villages suisses, dont
les maisons toutes en bois se montrent sur le rampant
d'une montagne, au pied d'un pic couvert de neige, entourées de prairies et détachant le fond brun de leurs murailles
sur le fond vert d'un bois de pins.

Tous ces bâtiments se mêlent et se confondent; on voit
de loin des toits plats saillants, des pignons évasés, des

1. Voir *Architecture communale.*

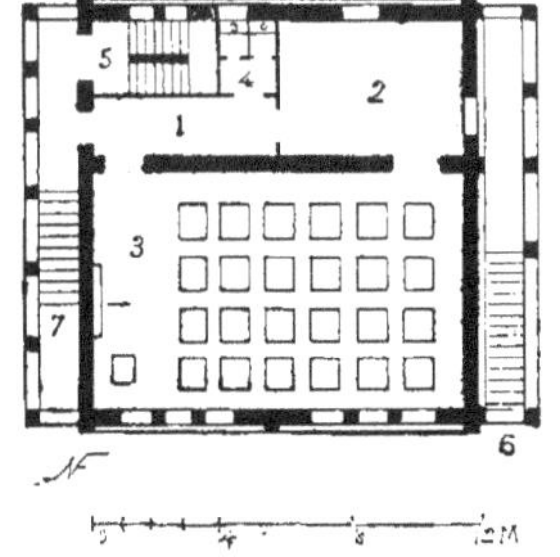

École de hameau dans l'Oberland, pour 48 élèves.

Fig. 52 et 53. — Plan et vue extérieure.

balcons couverts portés sur des colonnes façonnées, sculptées ou simplement équarries, puis, à travers les combinaisons du bois, les découpures à jour, s'aperçoit un petit coin de ciel bleu ou la masse d'un escalier qui escalade les étages.

Le bois, seul élément de la construction, reste apparent; les murs sont peints en brun, les fenêtres et les persiennes en vert, et de-ci, de-là, apparaissent, au milieu d'une découpure s'enroulant tout autour de la maison, quelques points rouges, bleus ou blancs, vivement colorés, mariés aux fleurs, à la bordure des jardins, qu'éclaire un beau soleil.

De cet ensemble si gai, si attrayant, se détache un petit édifice surmonté d'un drapeau ou simplement d'une inscription : c'est l'école que l'étranger n'a guère vue que par un beau jour d'été, mais qu'il faut voir aussi pendant les dures journées d'hiver, quand le vent souffle avec rage, que lentement, sans trêve ni relâche, s'amoncelle la neige, et qu'enveloppée dans un brouillard glacé, la nature semble engourdie pour toujours.

Mais, quel que soit le moment auquel on frappe à la porte de l'école, le maître est là pour recevoir le visiteur et lui faire les honneurs de son logis. Sa classe est toujours propre et bien tenue, son logement garni de meubles d'une extrême simplicité, un bahut, des sièges, une armoire en sapin lavé et blanchi; les murs exhalent une douce odeur de pins; les vitres sont propres et nettes; tout respire l'ordre et le travail, le calme et la paix.

Le programme est partout le même, les solutions qui lui sont données ne peuvent donc être très-variées, et l'examen, la visite de trois de ces écoles suffiront pour nous montrer ce qu'elles sont toutes.

La première est une *école mixte pour 48 enfants*[1].

Le bâtiment est orienté de façon à ce que la face dans laquelle sont percées les fenêtres de la classe regarde le sud-est. Le plan (fig. 52) se compose au rez-de-chaussée, qu'on pourrait appeler un sous-sol, d'une écurie et de magasins, d'un escalier extérieur abrité sous une avance du toit, d'une salle de classe au-dessus avec un vestiaire et des privés. Un autre escalier, placé sur la face opposée du bâtiment, est réservé au maître et aux services municipaux installés à l'étage supérieur ; la classe a 11 mètres sur 7 mètres, soit 77 mètres, et, comme elle ne contient que 48 élèves, chacun d'eux occupe donc un peu plus de 1^m,50 de surface. Il est vrai que le nombre de 48 élèves n'est que provisoire et pourra facilement être augmenté par la simple suppression des passages intermédiaires ménagés entre les bancs, sans que pour cela la forme de la classe soit modifiée. Le jour vient à gauche des élèves et le chauffage s'effectue au moyen d'un grand poêle de faïence.

Les façades sont pittoresques (fig. 53), des découpures accusent la construction et le niveau des planchers, des poutres équarries forment les murs, saillissent sur les parements et laissent voir les assemblages et les chevilles qui les relient. Sur le toit reposent de grosses pierres qui permettent aux tuiles de lutter contre les efforts du vent.

La seconde école[2] (fig. 54 et 55) est disposée d'une façon différente : le rez-de-chaussée, toujours très surélevé

---

1. *Die Holz-Architektur der Schweiz*, von Gladbach. Orell-Fussli, Zurich, 1876.

2. M. Salvisberg, architecte.

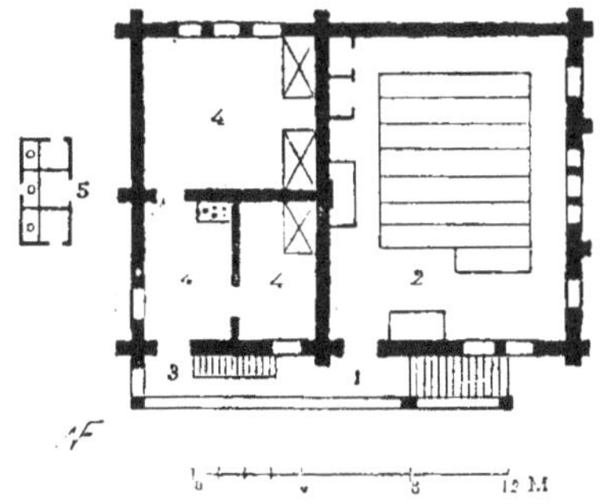

1. Entrée de l'école. 3. Entrée du logement.
2. Classe. 4. Logement du maître.
5. Privés.

Ecole de hameau dans l'Oberland, pour 75 élèves.

Fig. 54 et 55 — Plan et vue extérieure.

au-dessus du sol environnant afin de mettre l'étage des classes à l'abri de l'humidité, contient écurie, caves, dépôts, etc.; mais l'étage des classes (fig. 54), au lieu de ne renfermer que la classe, renferme aussi le logement, et le deuxième étage, placé sous le toit, contient les services municipaux.

On entre directement dans la classe, éclairée à la fois à la gauche et en face des élèves, ce qui est mauvais; mais il est facile de supprimer les jours de face, les jours latéraux pouvant largement suffire à l'éclairage.

Cette classe a 3^m,60 de haut, 9 mètres de large sur 11 mètres de long, soit 99 mètres de surface; elle est occupée par 75 enfants, assis sur des bancs (vieux modèle) comptant chacun 10 places. Un enfant a donc ainsi à sa disposition 1^m,30 environ. Le mobilier défectueux doit être remplacé, et le nombre des élèves sera par conséquent modifié. Cette amélioration se produira dès que la construction d'une école projetée dans le voisinage aura été réalisée. La classe est chauffée au moyen d'un poêle de faïence. A côté de ce poêle se trouvent deux armoires renfermant quelques objets du matériel scolaire.

Le logement du maître est contigu à la classe; on y parvient par une galerie couverte faisant suite à l'escalier; il se compose de deux chambres et d'une cuisine. Les privés sont en dehors, derrière le bâtiment.

A première vue, les façades de cette école (fig. 55) ressemblent beaucoup aux façades de celle qui précède; elles en diffèrent cependant par la hauteur des murs, qui est moindre, et par le grand balcon, qui fait tout le tour de l'étage; elles ont un autre caractère et, comme détails, se rapprochent davantage du chalet conventionnel tant de fois reproduit.

Le troisième exemple des écoles de l'Oberland (fig. 56 et 57) est plus important que les deux autres. Il représente une école comprenant, au-dessus du sous-sol : deux classes et un logement au rez-de-chaussée, puis, à l'étage, un autre logement et les services municipaux[1].

La plus grande classe a $11^m,50$ de long sur 8 mètres de large, soit 92 mètres de surface; elle est meublée de bancs-tables nouveau modèle (ce qui ne veut pas dire bon modèle) à 12 places et contient 78 élèves. Chacun d'eux occupe donc un peu plus de 1 mètre carré. La petite classe, destinée aux plus grands élèves, a 8 mètres sur 8 mètres, soit 64 mètres de surface; elle est meublée de la même façon que la grande et contient 53 élèves, chacun occupant ainsi, par conséquent, environ $1^m,20$. Ces deux classes sont éclairées à la gauche et en avant des élèves, mais les jours de face seraient faciles à supprimer, ceux latéraux pouvant largement suffire. Le vestiaire commun aux deux salles est trop restreint. Les privés sont adossés au bâtiment et placés sur une galerie qui permet d'y parvenir à couvert (fig. 56).

Le logement le plus important est placé au rez-de-chaussée et se compose d'un cabinet de travail pour le maître principal, d'une cuisine et de trois chambres de petites dimensions. Les étages, dont la coupe (fig. 58) indique le nombre et la hauteur, comprennent le logement du second maître et l'emplacement nécessaire aux services munici-paux.

La façade (fig. 57) n'est plus celle d'un chalet, mais bien celle d'un bâtiment qui pourrait être construit en tout autres matériaux que le bois, et cela aussi bien et de la

1. M. Salvisberg, architecte.

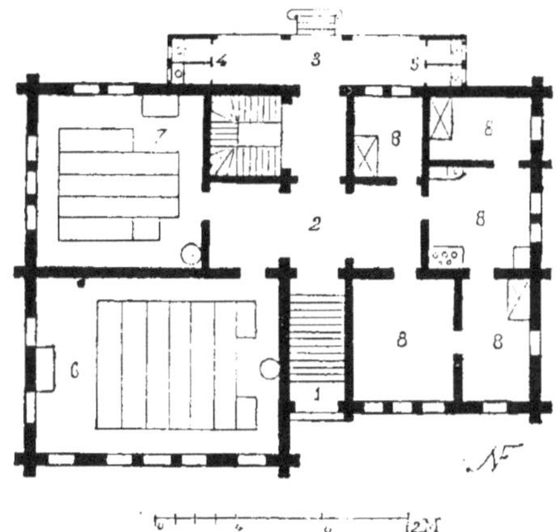

1. Entrée couverte.
2. Vestibule.
3. Galerie.
4. Privés des garçons.
5. Privés des filles.
6. Grande classe.
7. Petite classe.
8. Logement du maître.

Ecole dans l'Oberland, pour 130 élèves (2 classes).

Fig. 56 et 57. — Plan et vue extérieure.

même façon. Un reproche à adresser à cette façade est de ne pas accuser, de façon à les faire reconnaître, les parties

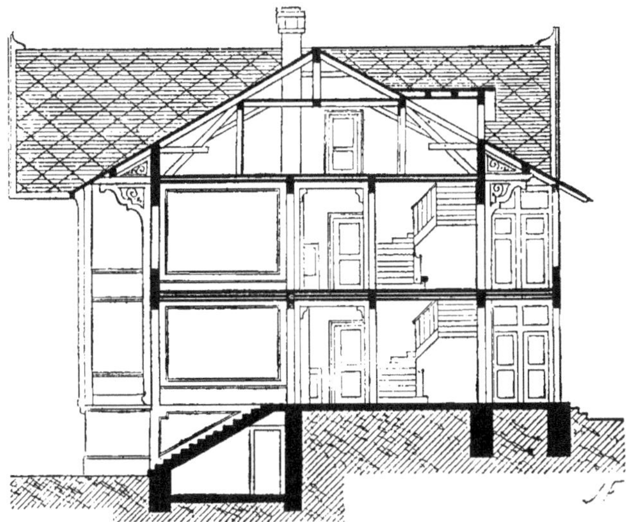

Fig. 58.

consacrées à l'école et celles consacrées à l'habitation. Toutes deux sont éclairées par des fenêtres de même forme et disposées de la même manière.

École mixte de Saint-Triphon.

Saint-Triphon est un petit hameau [1] de 300 habitants perdu à l'extrémité du lac de Genève, au pied des glaciers des Diablerets.

Nous cheminions un beau matin à la recherche de l'école de Saint-Triphon, que nous avait signalée un rap-

1. Canton de Vaud.

port fait à la suite de l'exposition de Vienne[1] ; le soleil éclairait depuis longtemps déjà la cime des montagnes, mais le fond de la vallée restait encore et sombre et obscur. Nous étions très indécis sur le chemin à suivre et cherchions où et comment nous renseigner, quand à travers champs se montra un petit groupe à peine distinct ; en nous rapprochant, il devint facile de reconnaître quelques enfants entourant un homme faisant de grands gestes. C'était le maître d'école de Saint-Triphon, qui expliquait à ses élèves le mouvement de la terre et qui le faisait certes fort bien. Quand il eut fini sa leçon, il nous mena visiter son école[2]. Nous n'étions plus dans la région des chalets sur les hautes montagnes de l'Oberland. Saint-Triphon est un riche pays dans lequel abonde la pierre ; on s'en apercevait à l'aspect des maisons, entre lesquelles se distinguait l'école.

L'école s'élève sur un terrain très en pente, en sorte que le rez-de-chaussée sur le chemin devient premier étage sur la cour et que le rez-de-chaussée sur la cour devient sous-sol par rapport au chemin. Pour monter de cette cour à la classe, les enfants ont un certain nombre de marches assez raides à gravir. Une salle d'asile occupe le sous-sol ; cette salle d'asile est libre, c'est-à-dire que la commune n'intervient pas dans sa direction ; elle se borne à concéder le local sans soutenir l'établissement par aucune subvention. Les classes occupent le rez-de-chaussée (fig. 59) ; c'est d'abord

1. *Rapport sur l'instruction primaire à l'Exposition de Vienne en* 1873, par F. Buisson. Paris, Imprimerie nationale, 1875.

2. Un maître d'une école de ce genre reçoit un traitement de 1,200 francs par an ; il est en outre logé, et a la jouissance d'un jardin.

un vestibule servant de vestiaire, à droite et en face les classes, à gauche l'escalier des logements et par derrière les privés.

Les classes ont à peu près une surface égale : la plus grande a 5^m,50 sur 11 mètres, soit 60^m,50 superficiels ;

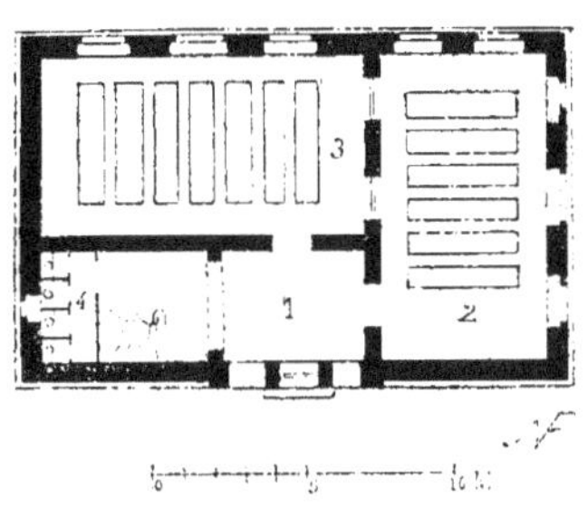

Fig. 59.

1. Vestiaire.
2. Classe des petits.
3. Classe des grands.
4. Privés.

la plus petite a 5^m,50 sur 10 mètres, soit donc 55 mètres seulement.

La première contient 7 bancs de 8 places, soit donc 56 élèves occupant chacun un peu plus de 1 mètre superficiel ; la seconde contient 6 bancs de 8 places et par conséquent 48 élèves occupant également un peu plus de 1 mètre. Ces différences, peu sensibles du reste, sont évidemment dues à la disposition des lieux, et ne résultent pas de recherches ou d'exigences imposées.

La grande classe est éclairée seulement du côté gauche, la petite l'est à gauche et en arrière des élèves. La hauteur des salles atteint 3^m,80. Les filles et les garçons sont réunis. Le parquet est en sapin, et le chauffage s'opère au moyen

de poêles de fonte avec tuyau de fumée traversant les salles
près du plafond. Les tables sont à 6 et 8 places, mais chaque
place a un siège particulier, sorte de petit banc indépendant
de la table et assez peu commode du reste.

Le premier étage (fig. 60) contient deux logements :

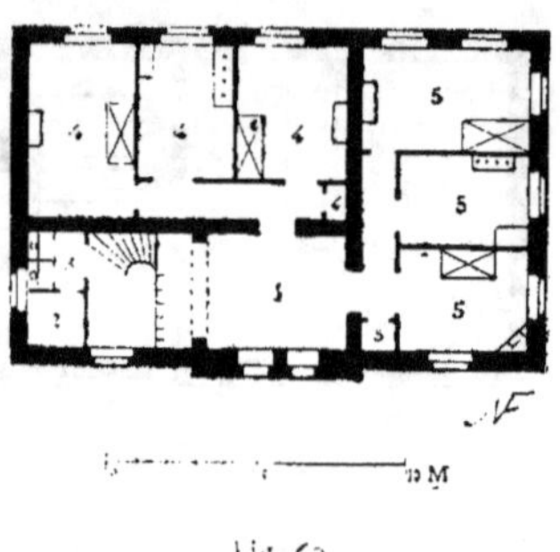

Fig. 60.

1. Vestibule.   2. Dépôt.   3. Privés.
4. Logement du premier maître.   5. Logement du deuxième maître.

l'un pour le premier maître, l'autre pour le sous-maître;
chaque logement se compose d'une cuisine et de deux
pièces. Les privés se trouvent à mi-étage. La cour de récréation est commune pour les garçons et pour les filles.

Quant à la façade (fig. 61), elle est partie en pierre de
taille, partie en moellons. Le toit a la forte saillie des constructions du pays, et rien dans l'ensemble ni dans les détails
n'offre un bien vif intérêt. Cette école jouit d'une réputation
difficile à expliquer et dont nous avons cru au moins utile
de montrer l'exagération.

La construction (le bâtiment a 3 étages) a donné lieu à
une dépense de 32,000 francs, soit 160 francs par mètre carré

de surface couverte, chiffre peu élevé et dû à la proximité des carrières d'où a été extraite la pierre mise en œuvre.

Fig. 61.

L'école contenant 204 élèves et l'asile 56, la dépense pour chacun revient en moyenne à 200 fr.

École de hameau à Forel[1].

La commune de Forel est située sur un des hauts plateaux du Jorat ; elle se compose d'habitations disséminées sur un territoire très-étendu, et pour aller à l'école les enfants se trouvaient obligés de parcourir d'assez grandes distances. Afin d'éviter les fatigues et les dangers qui résultaient de cette situation, l'administration s'est décidée à élever trois écoles sur trois points différents de la commune.

1. M. Jacquerod, architecte.

Ces écoles sont semblables; elles sont situées dans des endroits parfaitement isolés au milieu d'une nature triste et sévère. Les environs n'offrent aucunes ressources, et la construction d'écoles en de tels lieux montre bien toute l'importance que la Suisse attache à répandre également l'instruction parmi tous ses enfants.

Il était à craindre que, dans de semblables conditions, les nouvelles écoles ne pussent trouver de maîtres capables; on a donc voulu compenser les inconvénients de la résidence par les avantages matériels d'une confortable installation. Les bâtiments sont entourés d'un vaste jardin, dans lequel les instituteurs trouvent un délassement à leurs occupations, en même temps qu'un moyen d'augmenter leur modeste traitement. L'apiculture est une industrie locale, les maîtres la pratiquent d'une façon fructueuse. Le logement proprement dit se compose (fig. 62) d'une cuisine, de deux

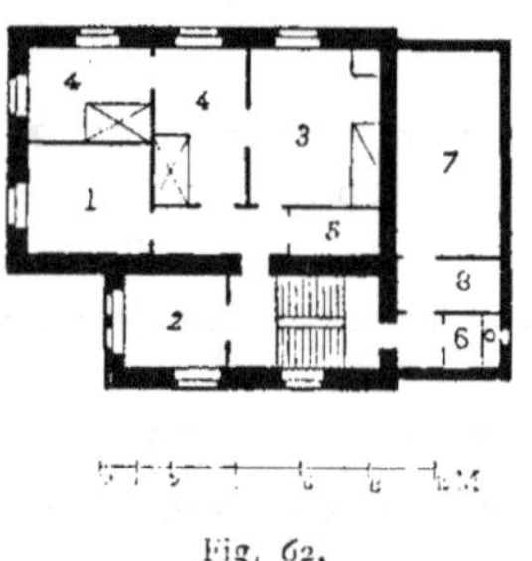

Fig. 62.

<table>
<tr><td>1. Ouvroir.</td><td>5. Cabinet</td></tr>
<tr><td>2. Cabinet de maître.</td><td>6. Privés des filles.</td></tr>
<tr><td>3. Cuisine.</td><td>7. Grenier à fourrages.</td></tr>
<tr><td>4. Chambres à coucher.</td><td>8. Dépôt.</td></tr>
</table>

chambres à coucher et d'un cabinet de travail; dans une annexe du bâtiment principal sont placés une étable pour

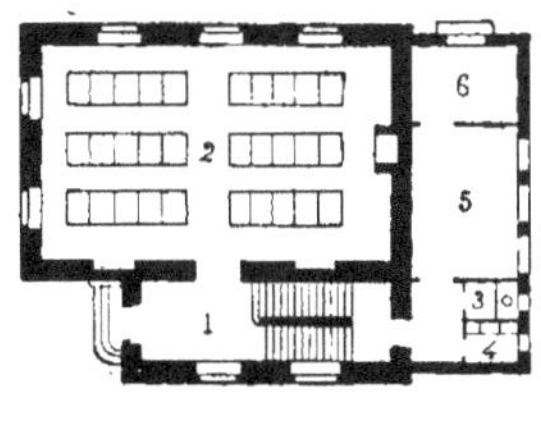

1. Vestiaire.
2. Classe.
3. Privés des garçons.
4. Urinoirs.
5. Bûcher.
6. Etable

École de hameau à Forel.

Fig. 63 et 64. — Plan du rez-de-chaussée et vue extérieure.

une vache qui paît dans les pâturages communaux, un bûcher et un fenil.

La classe, précédée d'un vestiaire (fig. 63), a 10^m,50 sur 6^m,15, soit 68^m,25 de surface; elle contient 60 élèves, chacun occupant par conséquent 1^m,15 de surface. L'école est mixte, les enfants des deux sexes sont séparés par un passage transversal et non longitudinal. Les garçons se placent en avant, les filles au fond; tous sont assis sur des bancs à deux places (modèle Guillaume). Au premier étage (fig. 62) est ménagé un atelier de couture dans lequel la femme du régent enseigne aux jeunes filles à se servir d'une aiguille.

Les façades (fig. 64) sont excessivement simples, d'une sévérité qui s'allie à celle du paysage environnant; on voit que l'architecte n'a rien voulu sacrifier au faux luxe ou à une vaine décoration et, avec raison, a reporté tous ses efforts sur les installations intérieures.

La dépense à laquelle a donné lieu la construction de chaque école s'est élevée à 13.000 francs, soit un peu plus de 200 francs par élève et environ 137 francs par mètre carré de surface couverte.

École de hameau à Hammen.

L'école de Hammen est destinée à recevoir 48 élèves. Elle se compose, au rez-de-chaussée (fig. 65), d'un vestibule abritant l'escalier extérieur, d'un vestiaire, d'une salle de travail dans laquelle les filles s'occupent à divers ouvrages de couture, et d'une classe ayant 6^m.20 sur 9^m.40, soit 58^m,28; les élèves occupent donc 1^m.22 environ et sont assis sur des bancs à deux places. Cette classe est éclairée à la gauche et en arrière des élèves par trois fenêtres géminées dont la surface vitrée est de 15 mètres, c'est-à-dire un peu moins du tiers de la surface de la salle.

Au premier étage (fig. 66) se trouve le logement du

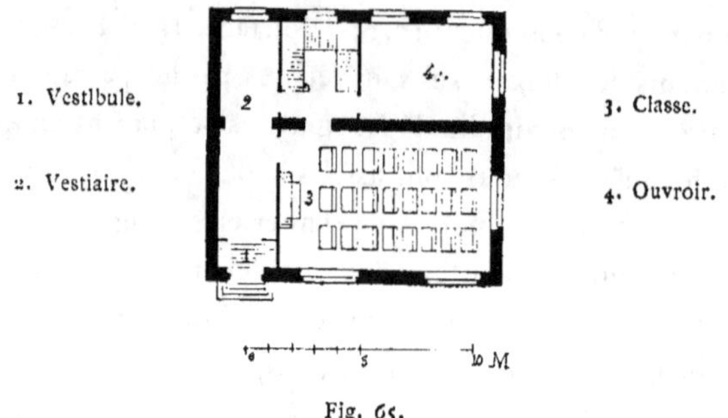

Fig. 65.

maître, dont la femme est chargée d'un enseignement spécial pour les filles. Ce logement se compose d'une cuisine avec

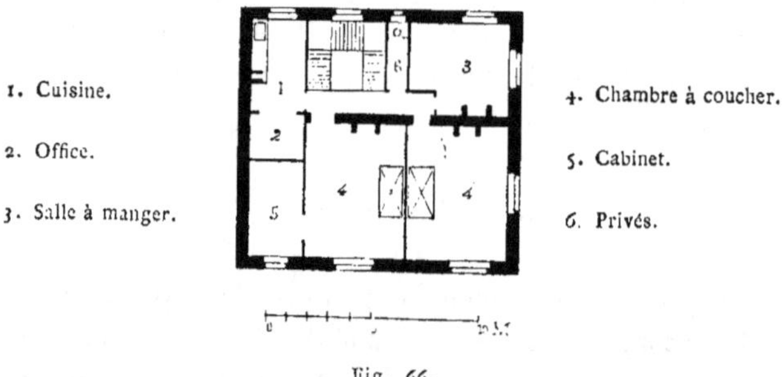

Fig. 66.

son office, d'une salle à manger, de deux chambres à coucher, d'un grand cabinet et de privés.

Les façades (fig. 67) sont très soignées, ont d'heureuses proportions et indiquent bien le rôle de l'édifice.

La construction a coûté 15,600 francs, y compris le mobilier scolaire, soit environ 100 francs le mètre carré de

Fig. 67.

surface couverte et un peu plus de 320 francs par élève, moyenne un peu élevée, par suite de l'adjonction d'une salle de travail professionnel pour les filles.

École communale de Corsier[1].

L'école de Corsier contient 360 élèves répartis dans six classes de mêmes dimensions. Au rez-de-chaussée se trouvent un vestibule, deux vestiaires, le logement du concierge et

1. M. Jacquerod, architecte.

trois classes (fig. 68). La distribution du premier étage est semblable, seulement le logement du concierge y est remplacé par le logement du régent.

Chaque classe a 6 mètres sur 11, c'est-à-dire 66 mètres

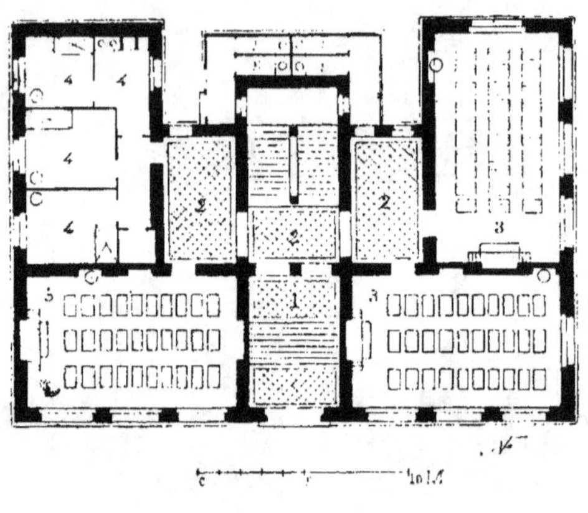

Fig. 68.

1. Vestibule.   2. Vestiaires.   3. Classes.   5. Privés.
4. Logement du gardien.

de surface, et contient 60 élèves assis sur des bancs à deux places; chaque élève occupe donc 1^m,10. Le nombre de 60 élèves est trop considérable et il oblige à donner aux classes une trop grande profondeur. Ces classes sont éclairées à gauche et en arrière des élèves, la surface vitrée des fenêtres est d'environ 20 mètres, soit le tiers de la surface du sol.

Les façades (fig. 69) ont pour principal mérite leur extrême simplicité.

La dépense à laquelle a donné lieu la construction de

cette école est de 90,000 francs, y compris le mobilier. La

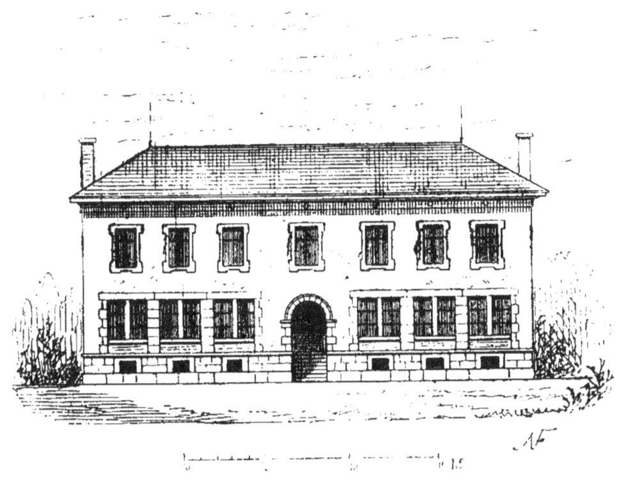

Fig. 69.

place de chaque élève revient donc à 250 francs environ, et le mètre carré de surface couverte à 200 francs.

École mixte de Montreux.

Montreux est une jolie petite ville bâtie sur les bords du lac de Genève. Les étrangers ont fait sa fortune et lui ont permis d'élever pour ses enfants une école que peuvent lui envier bien des villes plus importantes.

L'école de Montreux est bâtie en bordure du grand chemin de la ville haute, sur un terrain très incliné. Une petite place est réservée en avant de la façade, avec une pièce d'eau au milieu ; la cour de récréation des élèves se trouve en arrière, séparant l'école du chemin de fer et du lac. La déclivité du sol a été utilisée pour l'installation d'un gymnase. Au rez-de-chaussée (fig. 70), un large porche sert d'abri aux élèves qui attendent l'heure d'entrer en classe et aux parents qui viennent chercher leurs enfants. C'est là aussi

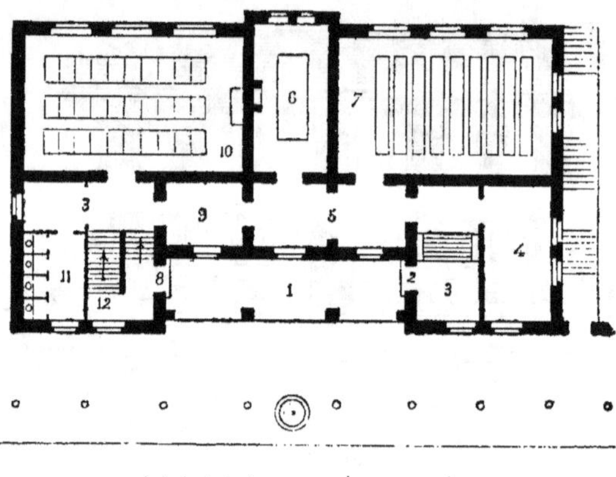

Fig. 70.

1. Portique.
2. Entrée pour les services municipaux.
3. Vestibule.
4. Bureau des étrangers.
5. Antichambre.
6. Salle du conseil communal.
7. Salle de musique.
8. Entrée de l'école.
9. Vestiaire.
10. Classe de 60 élèves.
11. Privés.
12. Escalier du sous-sol.

que les habitants et les étrangers se réunissent pour lire les affiches qu'y appose l'autorité et consulter le cadre renfermant les menus objets trouvés sur la voie publique. A droite, le vestibule de la mairie, le bureau de renseignements pour les étrangers, le cabinet du maire et la salle de réunion; à gauche, le vestibule de l'école, un escalier descendant au sous-sol, un autre montant à l'étage, un

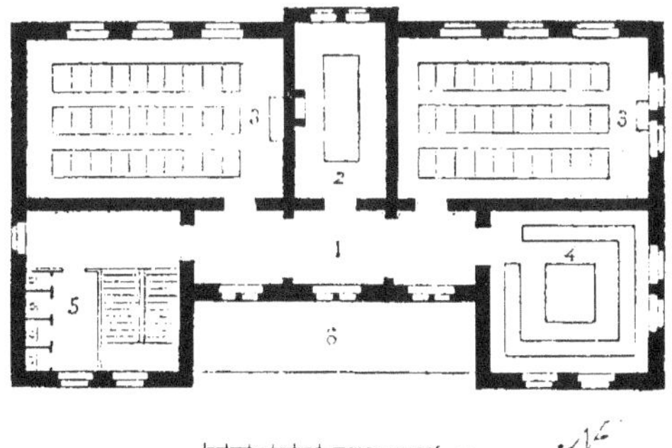

1. Vestiaire.   3. Classes de 60 élèves.   5. Privés.
2. Salle des maîtres.   4. Atelier de couture.   6. Terrasse.

École mixte de Montreux.
Fig. 71 et 72. — Plan du premier étage et vue générale.

petit vestiaire pour une classe seulement, les privés et enfin une classe de 6ᵐ,50 sur 11 mètres, soit 71 mètres de surface. Cette classe contient 60 élèves assis sur des bancs à deux places; chaque élève occupe donc un peu plus de 1 mètre superficiel.

Le premier étage (fig. 71) contient deux classes semblables à celles du rez-de-chaussée, une galerie servant de vestiaire, un atelier de couture et enfin une salle de maître.

Le second étage, distribué de la même façon que le premier, est réservé à des enfants suivant un cours d'enseignement supérieur à celui des écoles primaires.

Les façades (fig. 72) sont en pierre de taille et en moellons enduits; en avant, une fontaine avec une vasque et un jet d'eau. Le bâtiment se détache sur le fond vert des montagnes et le bleu du lac. Ses proportions sont heureuses. et son aspect répond bien à sa destination.

École de filles à Vevey[1].

L'école de Vevey est une des plus récentes constructions scolaires élevées en Suisse. Ce motif, joint à l'intérêt que présente son installation, nous force d'entrer à son sujet dans d'assez longs détails.

Le bâtiment comprend deux parties distinctes. l'une destinée à l'école primaire, l'autre à l'école supérieure; ces deux divisions ont un point commun, la grande salle d'assemblée, dans laquelle à certaines occasions se réunissent tous les élèves et que, dans ce but, l'architecte a placée au

1. M. Recordon, architecte, chargé des travaux à la suite d'un concours ouvert en 1874.

centre de l'édifice. Le logement du concierge est au rez-de-chaussée près de l'entrée ; la direction, au premier étage, de façon à assurer une surveillance constante et facile.

L'école primaire contient :

Huit classes pour 60 élèves : chaque salle mesure 7^m,20 sur 11^m,50 et a 82^m,80 de surface, soit par élève 1^m,37 ;

Quatre classes de 48 élèves : chaque salle mesure 7^m,20 sur 10^m,20 et a de surface 73^m,45, soit par élève 1,53.

L'école supérieure contient :

Six classes pour 30 à 36 élèves : chaque salle mesure 7^m,20 sur 8^m,20 et a de surface 59^m,04, soit par élève 1^m,64 et 1^m,97 ;

Une grande salle destinée aux conférences religieuses, à l'enseignement du dessin et du chant ;

Une salle de gymnastique placée en sous-sol ; ce sous-sol, très dégagé à cause de la déclivité du sol environnant, est, du reste, exposé au midi et à l'est, en sorte qu'il a également été possible d'y installer des classes parfaitement saines, bien éclairées et bien aérées.

D'après les chiffres qui précèdent, on peut voir que le cube d'air afférent à chaque élève, pendant son séjour en classe, varie entre 6,100 et 8,300.

Outre les classes proprement dites, le bâtiment renferme encore une grande salle d'assemblée de 21 mètres sur 16^m,35, soit 343 de surface ;

Une salle pour la direction, une autre pour les maîtresses et un logement de concierge avec les dépendances nécessaires.

L'école primaire contient 672 élèves et l'école supérieure 216, soit en tout 888.

Toutes les classes sont convenablement éclairées (fig. 73),

soit à gauche des élèves, soit à gauche et par derrière; les

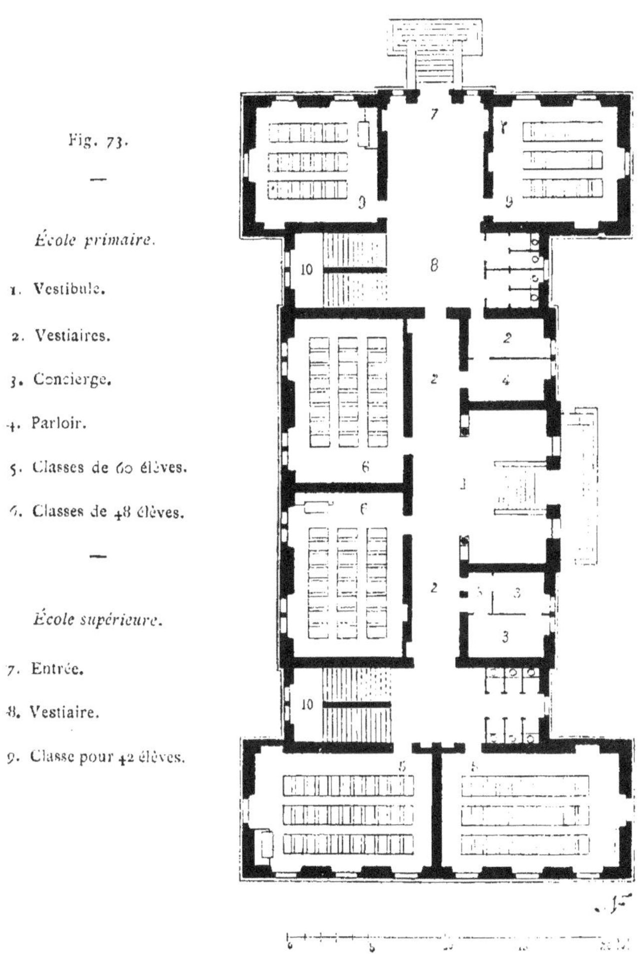

Fig. 73.

—

École primaire.

1. Vestibule.

2. Vestiaires.

3. Concierge.

4. Parloir.

5. Classes de 60 élèves.

6. Classes de 48 élèves.

—

École supérieure.

7. Entrée.

8. Vestiaire.

9. Classe pour 42 élèves.

fenêtres qui, par la disposition des lieux, pouvaient donner
en face des élèves, n'ont cependant pas été supprimées, mais

simplement munies d'épais volets qui interceptent la lumière et peuvent s'ouvrir pour aérer la salle quand elle est inhabitée.

La proportion de la surface vitrée des fenêtres, par rapport à la surface des classes, varie de 14 à 20 %, proportion un peu faible, mais qu'explique l'emplacement de l'école située dans un espace découvert, éloigné de toute habitation pouvant nuire à l'accès de l'air et de la lumière.

Les fenêtres se composent de deux parties : l'une, la partie inférieure, s'ouvre comme une fenêtre ordinaire à châssis verticaux ; l'autre, la partie supérieure, est mobile sur sa base et s'ouvre comme une tabatière.

Le chauffage s'opère au moyen de poêles distincts pour chaque salle. L'alimentation de ces appareils a lieu par des bouches ouvertes sur les corridors.

Ces poêles se composent d'un foyer en tôle, garni de briques réfractaires, au-dessus duquel s'élève un cylindre en fonte à nervures, le tout enveloppé d'un manteau en tôle. Le tirage se règle au moyen d'un registre à vis qui ne laisse passer que juste la quantité d'air nécessaire à une combustion lente plutôt qu'active.

L'air pur appelé de l'extérieur traverse des canaux ménagés dans les murs et planchers, circule entre les deux cylindres, s'y échauffe et s'échappe par le haut, après avoir rencontré un récipient d'eau qui lui procure l'état hygrométrique nécessaire. L'air vicié, refoulé par l'appel constant d'air pur, s'échappe à travers des canaux à large section dont l'orifice est ménagé à quelques centimètres au-dessus du plancher, et qui débouchent sur les combles.

Le système adopté pour les privés est celui des fosses mobiles, avec irrigation intermittente et automatique, installée de telle sorte que chacune des 25 cuvettes existantes se trouve lavée une fois tous les quarts d'heure. Une conces-

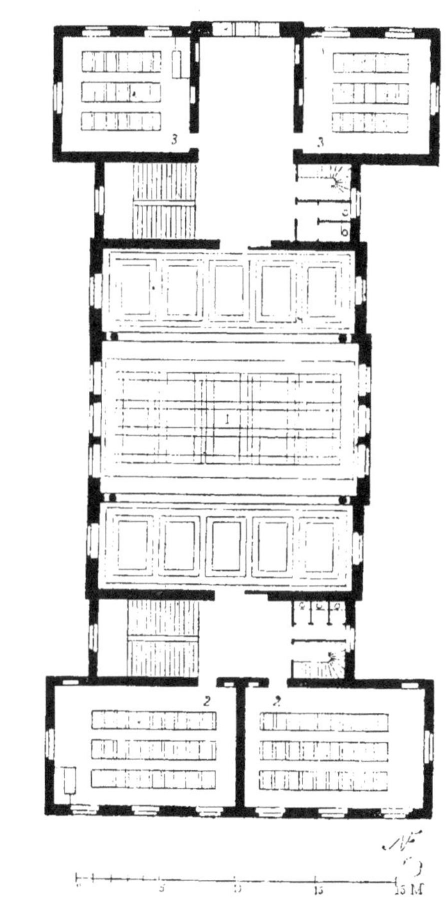

Fig. 74.

1. Salle d'assemblée.

2. Classe de 60 élèves pour l'école primaire.

3. Classe de 42 élèves pour l'école supérieure.

sion d'eau de 8 litres par minute assure cet important service.

Les principaux avantages de l'installation de ces privés sont la parfaite propreté des cuvettes et des tuyaux de chute,

ainsi que la suppression de toute fermentation donnant naissance aux miasmes et aux gaz méphitiques. La ventilation
des fosses est toutefois encore assurée par des tuyaux d'évent
et des tuyaux de chute prolongés au-dessus des toits.

Les classes sont très simples d'aspect ; les parements des

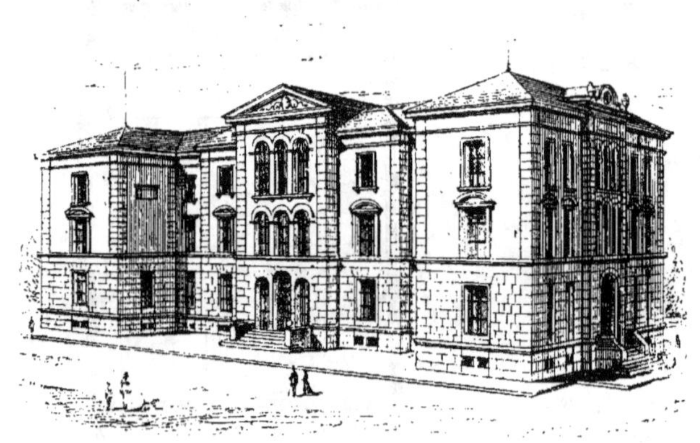

Fig. 75.

murs, revêtus à leur base d'une boiserie de sapin verni de
1^m,50 de haut, sont enduits en plâtre et peints à la colle
d'un ton gris bleu avec bandeaux bleus haut et bas. Les
plafonds conservés blancs sont traversés par une poutre en
fer supportant les planchers et laissée apparente dans l'in-
tention d'améliorer l'acoustique et de rendre les salles moins
sonores.

Les meubles (du système Largiadec [1]) qui garnissent ces

1. Voir chap. v, *Mobilier*.

classes sont à deux places, les points d'appui sont en fonte, les siéges et le pupitre en bois de chêne pour l'école supérieure, en bois de sapin pour l'école primaire.

La grande salle de réunion occupe, au deuxième étage (fig. 74), tout le centre du bâtiment.

Les façades (fig. 75) offrent d'heureuses proportions, accusent franchement les divers services de l'intérieur ; les fenêtres qui éclairent les escaliers, au lieu d'être coupées par les paliers intermédiaires, se détachent à mi-étage (fig. 76) et

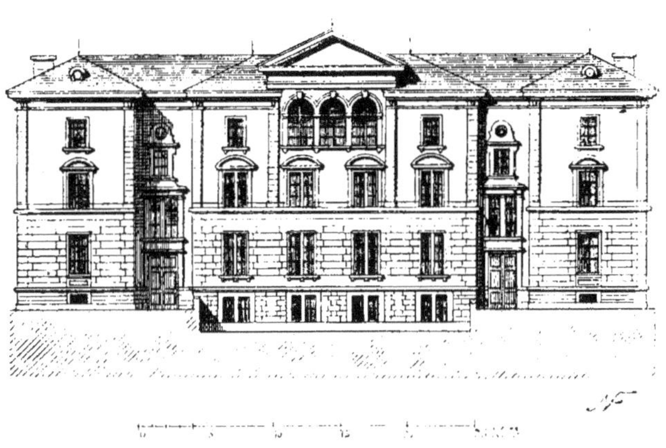

Fig. 76.

se raccordent heureusement avec les grandes lignes de l'édifice. La maçonnerie des murs est en cailloux de Savoie, les angles du bâtiment, les corniches et encadrements des ouvertures en molasse de grès verdâtre et les soubassements en marbre noir de Saint-Triphon [1].

1. Voir page 143.

La grande salle dont il a déjà été question n'est coupée par aucun point d'appui; deux poutres en fer à treillis (fig. 77) reposent sur les murs de face et supportent la charge de la toiture.

Enfin, chaque école a son préau distinct, muni d'une fontaine et planté de tilleuls. Ces préaux sont séparés non par des murs pleins, mais par des piles monolithes en marbre du Valais, reliées entre elles au moyen de treillis couverts de verdure.

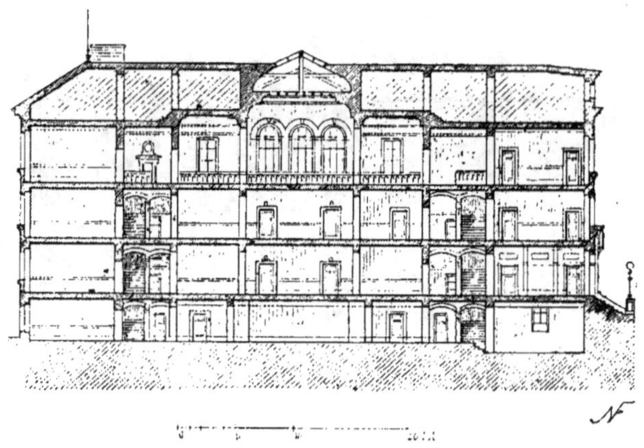

Fig. 77.

La dépense à laquelle a donné lieu l'ensemble de tous les travaux, compris terrain, constructions, plantations, clôtures, mobilier, etc., est de 570,000 francs, soit environ 650 francs par élève, chiffre peu élevé par rapport au résultat atteint.

École de la Neuville, à Winterthur [1].

L'école de la Neuville est de construction toute récente ; elle s'élève dans un des nouveaux quartiers de la laborieuse petite ville. Son plan est des plus simples, mais remarqua-

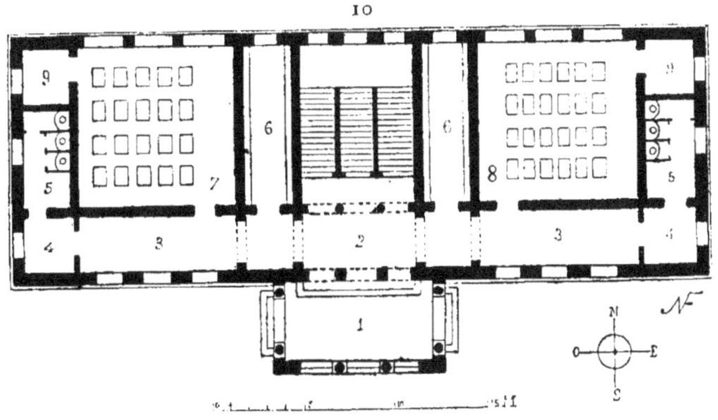

Fig. 78.

1. Portique.
2. Vestibule.
3. Galeries.
4. Lavabos.
5. Privés.
6. Vestiaires.
7. Classe pour 50 élèves petits.
8. Classe pour 40 élèves grands.
9. Dépôt.
10. Cour.

blement bien disposé. Une grande cour entoure l'édifice et le sépare de la voie publique d'un côté ; de l'autre, elle sert de cour de récréation et est plantée d'arbres. Cette cour contient le gymnase, installé dans un bâtiment annexe.

Un porche précède le bâtiment principal (fig. 78) ; sous ce porche s'ouvrent les portes du vestibule ; en face de l'entrée

1. Winterthur est une des villes les plus industrielles de la Suisse ; elle sert de tête de ligne à dix chemins de fer, et compte environ 7,000 habitants.

est le grand escalier montant aux étages; à droite et à
gauche sont deux galeries conduisant aux classes. Chaque
classe possède un vestiaire distinct, à la disposition des
seuls enfants de la classe voisine. Les privés sont au fond
de la galerie, accompagnés d'une petite pièce contenant un

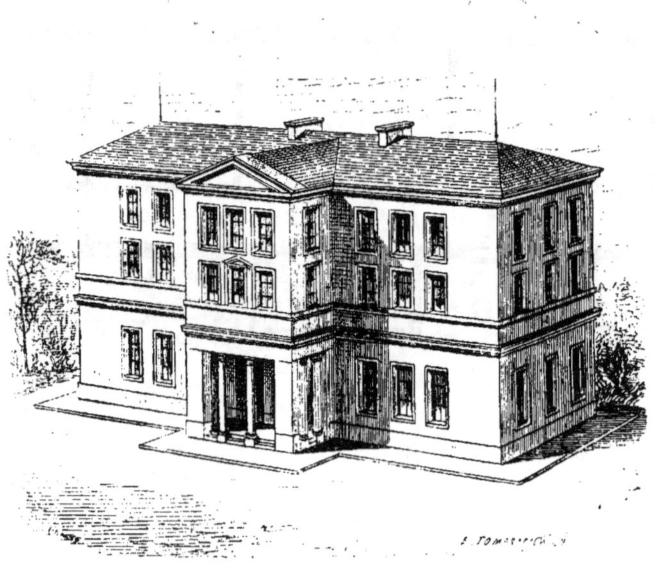

Fig. 79.

lavabo. Au fond de la classe, un cabinet est réservé pour
le maître.

Les classes, toutes de mêmes dimensions à tous les
étages, ont été précédemment décrites en détail[1]; nous
avons également parlé du système de chauffage et de venti-

1. Fig. 96 et 97.

lation en usage, il n'y a donc pas à revenir sur ces deux questions [1].

La construction est orientée de façon à ce que les fenêtres des classes soient tournées au nord; la maçonnerie des murs est en pierre de taille et en moellons enduits; les galeries sont dallées; l'escalier a des dimensions monumentales et est entièrement en pierre. La figure 79 montre l'aspect des façades.

Les six classes réunies contiennent ensemble 300 enfants, et la dépense totale de la construction s'est élevée à 300,000 francs, c'est-à-dire à 1,000 francs par enfant, le double de ce que nous dépensons à Paris en pareil cas. La surface couverte étant de 540 mètres, le mètre carré revient par conséquent à 560 francs.

École de l'hôtel de ville, à Winterthur.

Cette école a été construite en 1863; elle est destinée à contenir 600 enfants, répartis dans 23 classes, c'est donc une moyenne de 26 enfants par classe. Les classes les plus nombreuses, celles des petits, comptent 35 élèves; les autres. celles des grands, n'en comptent que 20. Chaque élève occupe plus d'un mètre carré, toutes conditions excessivement favorables.

Les classes donnent sur une galerie traversant le bâtiment dans toute sa largeur. Deux escaliers montent aux étages, l'un est consacré aux filles, l'autre aux garçons; près de chaque cage d'escalier se trouvent des privés.

Le désir de donner satisfaction à la symétrie des façades

1. Fig. 38 et 39.

a fait percer des fenêtres dans les pavillons extrêmes sur deux et trois côtés ; les classes installées dans ces pavillons sont donc éclairées sur deux et trois faces. Des lavabos sont disposés dans les couloirs et les vestiaires installés dans les

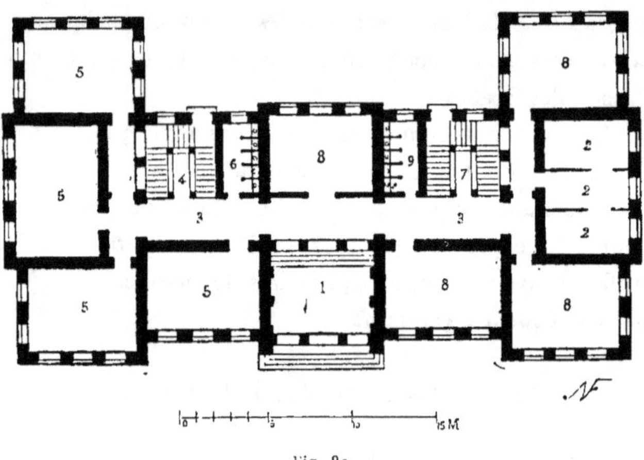

Fig. 80.

1. Vestibule.   4. Escaliers des garçons.   7. Escalier des filles.
2. Logement du gardien.   5. Classes des garçons.   8. Classes des filles.
3. Galerie.   6. Privés des garçons.   9. Privés des filles.

classes elles-mêmes. La hauteur d'étage est de 4^{m},50. Les parquets sont en sapin. Un châssis mobile permettant, en cas de besoin, d'établir un courant d'air, est ménagé au-dessus des portes de communication des classes. Ces portes sont à deux vantaux. Les couloirs et les galeries seuls sont éclairés au gaz.

Les meubles en usage se composent de pupitres avec bancs à deux places. La partie antérieure est mobile et se relève, afin de laisser aux élèves la possibilité de se tenir

Fig. 81. — École de l'hôtel de ville, à Winterthur.

debout à leur place pour se livrer à certains exercices.

Le chauffage s'effectue au moyen d'un calorifère général envoyant de l'air chaud dans les salles au niveau des parquets. Quant à l'air vicié, il doit être expulsé par des orifices ménagés à la hauteur du plafond.

On admet aujourd'hui que l'air vicié, étant plus lourd que l'air pur, doit descendre au lieu de monter, et par conséquent on cherche à s'en débarrasser par les parties inférieures; mais, en 1863, époque de la construction de l'école de Winterthur, on admettait encore que l'air vicié, étant plus chaud que l'air pur, devait monter au lieu de descendre, et on cherchait à s'en débarrasser par les parties supérieures. C'est conformément à ce principe qu'est ventilée l'école dont nous nous occupons. Le système employé ne diffère, du reste, de ceux précédemment décrits que parce que les ouvertures d'évacuation sont percées dans le plafond au lieu de l'être dans le plancher.

Les écoles ventilées d'après le second principe le sont-elles mieux que celles ventilées d'après le premier? Nous ne voulons pas décider une question aussi grave, mais nous devons à la vérité de reconnaître que l'école dont il s'agit, ventilée d'après le procédé contraire à celui aujourd'hui en faveur, est parfaitement salubre et inodore, tandis que beaucoup d'autres, ventilées conformément aux conditions les plus préconisées en ces derniers temps, se trouvent dans une situation beaucoup moins favorable.

On ne peut expliquer de résultats tels que par le concours de circonstances accessoires et accidentelles, telles que la bonne tenue des enfants, la propreté des salles, le système de châssis adapté aux fenêtres, l'aération naturelle et la bonne orientation du bâtiment, toutes conditions extrêmement variables suivant les lieux, les individus et les climats.

La dépense de l'école de Winterthur s'est élevée à 300,000 francs; comme elle contient 600 enfants environ, c'est donc seulement 500 francs par enfant qu'elle a coûté, chiffre de moitié inférieur à celui qu'a coûté l'école précédente. Elle couvre environ 600 mètres de surface, chaque mètre revient donc à 500 francs. L'installation des appareils de chauffage et de ventilation figure dans ce chiffre pour 44.000 francs, soit plus de 70 francs par enfant.

L'école s'élève près de l'hôtel de ville, en bordure d'une belle promenade publique (fig. 81); elle occupe un vaste emplacement, est entourée d'arbres et de fleurs, et se trouve dans une situation saine et salubre.

École de garçons et de filles, à Zoffingen [1].

L'école de Zoffingen est un exemple qui vient à l'appui de nos observations préliminaires sur les écoles suisses. Les dimensions de cet édifice, les formes qui lui sont données, paraissent tout d'abord dépasser les conditions qu'on pourrait exiger d'une école de petite ville, et, pour comprendre une telle situation, pour ne pas trop vite la juger exagérée, il faut se rappeler ce que nous avons dit, en commençant, de l'importance et de l'aspect monumental donnés par la Suisse à ses bâtiments scolaires de villes et de cantons.

L'emplacement qu'occupe l'école de Zoffingen est très-vaste : un hectare environ. On comprend sans peine

---

1. **MM.** Kubli, de Saint-Gall, et Breitinger, de Zurich, architectes.

qu'il n'a pas dû être possible de trouver un terrain de
cette surface au centre de la ville, et qu'il a fallu reporter

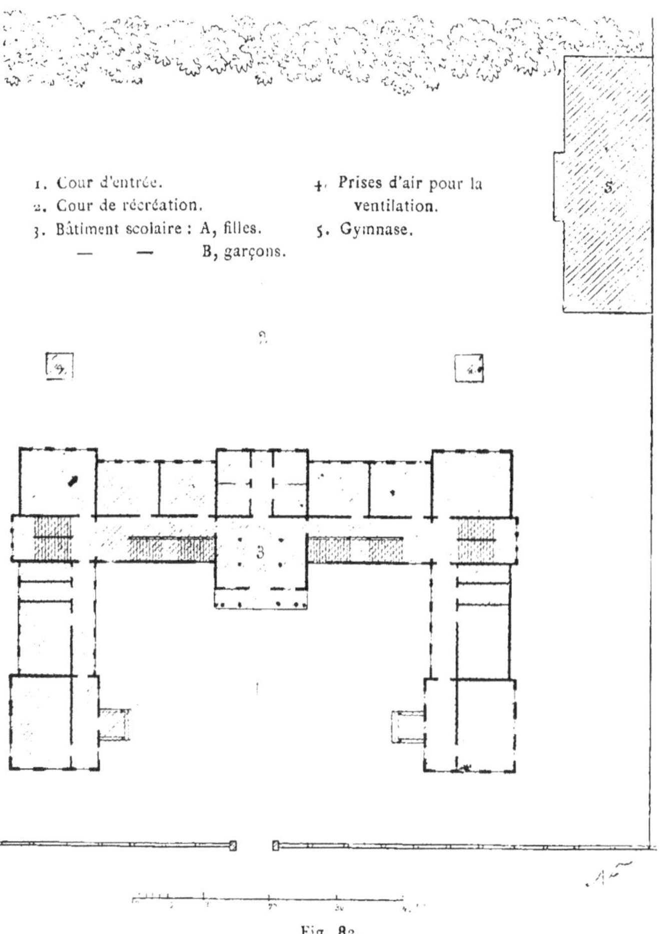

Fig. 82.

l'école un peu loin du centre des habitations ; mais la ville
n'est pas assez grande pour que les distances à parcourir

soient bien longues, en sorte que cet inconvénient perd beaucoup de sa gravité.

En avant, une grille (fig. 82), une première cour qui isole les bâtiments et les sépare des propriétés voisines. L'édifice comprend un corps principal flanqué de deux ailes, chaque retour d'équerre étant accusé par un pavillon en saillie. La grande cour de récréation des enfants est en arrière ; elle s'arrête sur la lisière d'un bouquet d'arbres. Dans cette cour se trouvent les deux puits d'aération ou de prise d'air des appareils de chauffage, et les salles de gymnastique qu'aucune galerie ne rattache au bâtiment principal. La cour est commune pour les garçons et les filles, mais elle a de telles dimensions que les uns peuvent jouer d'un côté, les autres d'un autre, en restant séparés. La forme des constructions ne permettait pas de donner à toutes leurs faces une orientation convenable, mais le parti adopté a atténué ce nouvel inconvénient, en plaçant au sud-est un des sommets du parallélogramme, c'est-à-dire deux des plus longues faces du bâtiment. Une disposition très-regrettable et qu'il faut s'étonner de voir imposée à un établissement élevé avec tant de soins et tant de frais, est le voisinage du cimetière, que la largeur d'un chemin seulement sépare de l'école.

Les bâtiments comprennent trois grandes divisions (fig. 83) : à droite, le quartier des filles ; à gauche, celui des garçons ; au centre, le vestibule, le logement du gardien, l'escalier d'honneur, et, dans les étages, les salles communes. Un petit porche recouvre les marches des portes d'entrée des élèves. Une grande galerie-vestibule de 5 mètres de largeur précède les classes et sert de vestiaire. Cette galerie conduit également à l'escalier des étages, aux privés et aux

urinoirs. Les classes sont de dimensions différentes : les plus
grandes ont 13 mètres sur 8, soit 104 mètres de surface ;
ce sont les plus vastes et celles dont la population est le

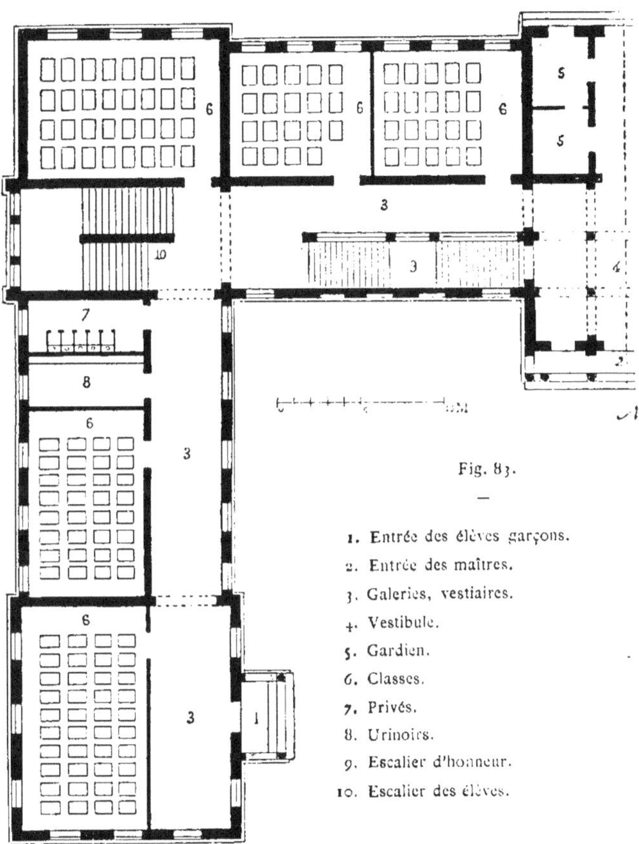

Fig. 83.

—

1. Entrée des élèves garçons.
2. Entrée des maîtres.
3. Galeries, vestiaires.
4. Vestibule.
5. Gardien.
6. Classes.
7. Privés.
8. Urinoirs.
9. Escalier d'honneur.
10. Escalier des élèves.

plus nombreuse ; elles contiennent 72 enfants : chacun d'eux
occupe donc un peu plus de 1^m,40. Les classes moyennes,
destinées également aux tout jeunes enfants, ont 12 mètres

sur 8 mètres, soit 96 mètres de surface, et contiennent 64 élèves : chacun d'eux occupe donc un peu plus de 1^m,50. Les classes du troisième type sont placées dans les étages [1], tandis que celles du premier et du deuxième type n'existent qu'au rez-de-chaussée ; elles ont 7^m,50 de large sur 11 mètres de long, soit 82^m,50 de surface, et contiennent 56 élèves, chacun d'eux occupant ainsi un peu plus de 1^m,50. Les classes du dernier type, enfin, en plus grand nombre que les précédentes, ont 7^m,50 sur 8^m,50 et contiennent 38 élèves, chacun occupant 1^m,70.

Les classes du premier type, celles qui contiennent le plus grand nombre d'élèves et qui servent aux classes élémentaires, sont éclairées à la gauche et en arrière des élèves ; les autres sont seulement éclairées à gauche, par trois fenêtres chacune. La hauteur du sol au plafond est de 4^m,20. Les fenêtres ont leur appui à 0^m,65 au-dessus du sol ; la partie supérieure des châssis de menuiserie est mobile sur leur base, et la partie inférieure s'ouvre de la même façon que les châssis d'une fenêtre ordinaire ; elles sont toutes munies de persiennes. Les parquets sont en chêne à point de Hongrie.

Les escaliers sont entièrement en pierre et les marches ont 2^m,50 de long. La partie des bâtiments consacrée aux filles est identique à celle occupée par les garçons.

Les bancs-tables sont à deux places et les passages entre les lignes suffisants pour que deux élèves puissent s'y tenir debout, côte à côte.

Le bâtiment central renferme un grand vestibule communiquant par une galerie avec la cour de récréation. De

---

1. Voir plan du deuxième étage, fig. 32.

chaque côté de cette galerie se trouvent le logement du gardien et un magasin-dépôt ; à droite et à gauche se développe un escalier d'honneur, qui a une importance certaine-

Fig. 84.

ment exagérée pour le rôle auquel il est destiné, et dont la répétition est au moins inutile. Cet escalier est en pierre, ainsi que les balustres de sa rampe et les pilastres qui le soutiennent ; il est taillé avec le plus grand soin, et les arêtes des membres d'architecture sont polis. La partie centrale de l'école est éclairée au gaz. La décoration de la grande salle de fêtes, placée au premier étage, est d'un goût discutable. Les salles de dessin, d'examen et de musique ne se distinguent des classes ordinaires que par leurs dimensions.

La figure 84 montre quel est l'aspect général des façades.

Le gymnase, placé en dehors des constructions principales, occupe une grande salle précédée d'un vestiaire, au-dessus duquel existe une galerie pour le public. Le sable et la sciure de bois traditionnelle sont remplacés par une épaisse natte qui couvre le sol et amortit les chutes. Le gymnase est commun pour les filles et les garçons; les heures d'exercices seules sont différentes.

La dépense à laquelle a donné lieu la construction de cette école est de 1 million, et comme elle peut contenir 1,000 enfants, c'est donc pour chacun une dépense de 1,000 francs. La surface couverte étant de 2,000 mètres environ, chaque mètre revient à 500 francs.

Il faut remarquer, à cette occasion, que si la différence entre le chiffre de la dépense calculée par enfant et celui de la dépense calculée par mètre carré de surface couverte est aussi sensible, c'est à cause du grand développement donné aux vestibules et galeries, et, en même temps, de la grande surface laissée libre pour chaque enfant. La construction suisse n'est pas, sauf en certaines villes, plus chère qu'en France; mais, comme dans le même espace les écoles suisses logent un tiers ou moitié moins d'enfants, il en résulte que la construction, tout en coûtant le même prix par mètre carré, revient au tiers ou au double plus cher quand on la compare au nombre d'enfants admis.

École d'Aarau [1].

L'école d'Aarau est conçue dans les mêmes données que la précédente, mais elle en diffère par la disposition du plan, qui est tout autre. Le plan général déjà donné (fig. 2) a montré l'ensemble des cours et constructions.

Les bâtiments comprennent un corps principal avec deux ailes en retour; le corps principal est occupé par un vestibule (fig. 85), exhaussé de six marches sur le sol extérieur; à droite, le logement du gardien, composé de trois pièces très-vastes; à gauche, le cabinet du directeur. Une galerie longue de 5 mètres met ce premier bâtiment en communication avec les ailes dans lesquelles se continue la galerie. Une des ailes est réservée aux garçons, l'autre aux filles. Les escaliers sont en face de la galerie principale, les privés placés dans la galerie latérale; à l'extrémité des classes, l'entrée des élèves a lieu sous cet escalier; ils arrivent dans la galerie servant de vestiaire et trouvent devant eux les portes de toutes les classes.

Ces classes sont de trois types : celles destinées aux tout petits enfants ont 9 mètres sur 11 mètres, soit 99 mètres de surface; elles contiennent 72 enfants : chacun occupe donc environ 1^m,40; ces classes sont éclairées à gauche et en arrière des élèves. Les classes du second type, destinées aux élèves plus grands, ont 7^m,50 sur 6 mètres, soit 45 mètres, et contiennent 34 enfants : chacun d'eux occupe donc 1^m,30 environ. Les classes du troisième type, enfin, en très-petit nombre du reste, ont 7 mètres sur 6 mètres, soit 42 mètres de surface, et contiennent 28 élèves : chacun d'eux occupe

1. MM. Rolhpletz et Ischokk, architectes.

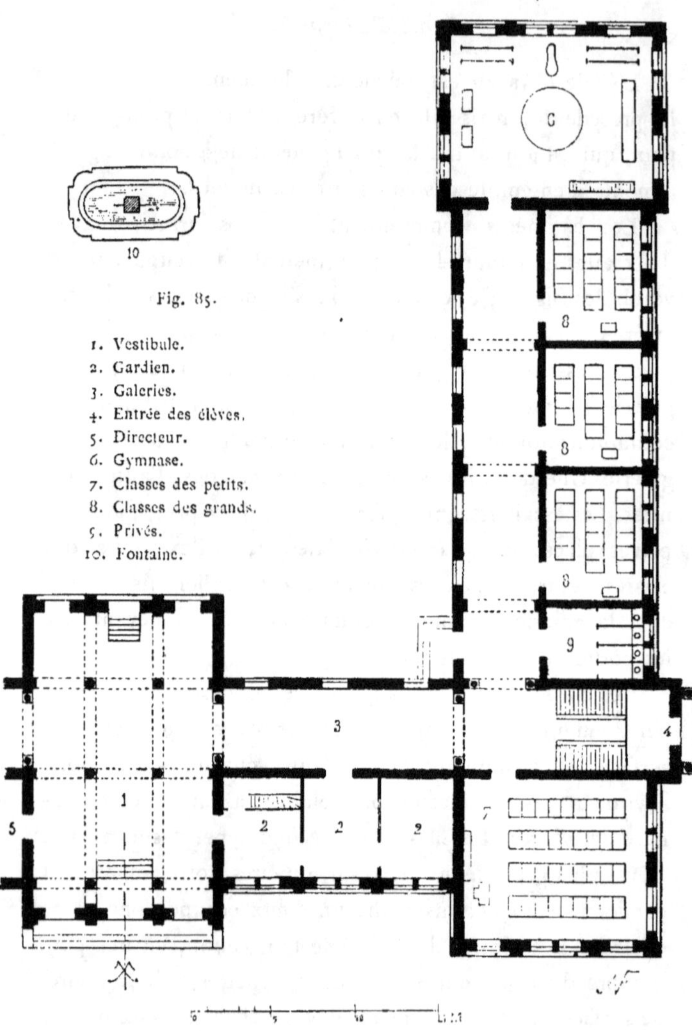

Fig. 85.

1. Vestibule.
2. Gardien.
3. Galeries.
4. Entrée des élèves.
5. Directeur.
6. Gymnase.
7. Classes des petits.
8. Classes des grands.
9. Privés.
10. Fontaine.

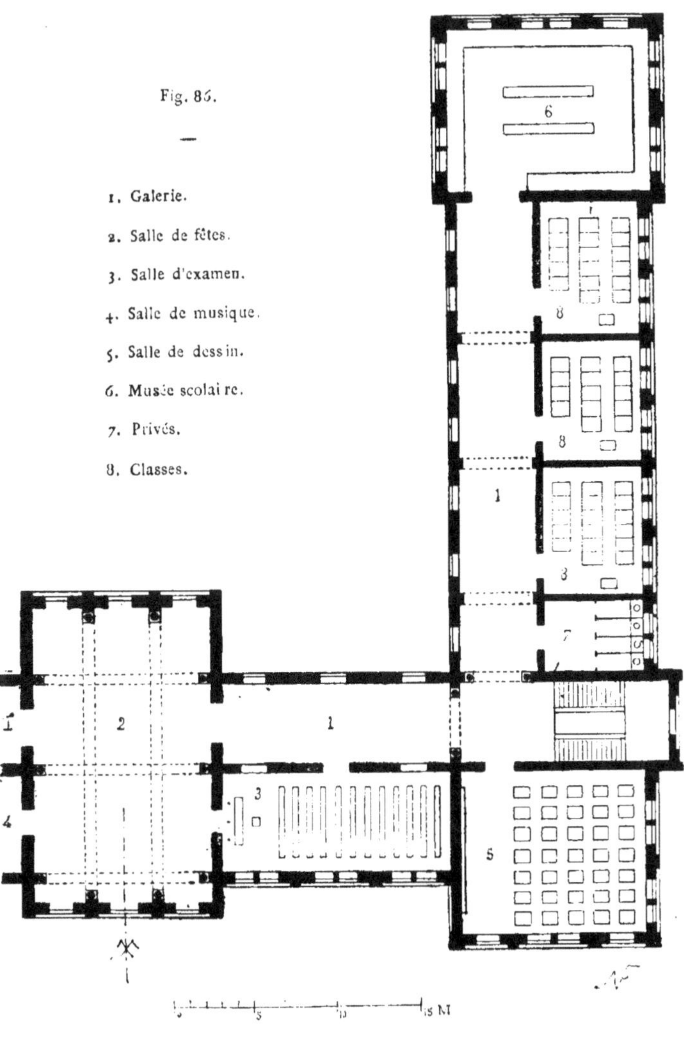

Fig. 86.

1. Galerie.
2. Salle de fêtes.
3. Salle d'examen.
4. Salle de musique.
5. Salle de dessin.
6. Musée scolaire.
7. Privés.
8. Classes.

6
8
8
1
3
7
1
2
1
4
3
5
5 M

donc 1^m,50 environ, toutes conditions, on le voit, extrêmement favorables.

Les classes ont 4^m,25 de hauteur ; elles sont toutes éclairées à gauche par quatre fenêtres montant très-près du plafond et sont intérieurement protégées contre le soleil par des rideaux se manœuvrant de bas en haut. La forme circulaire donnée aux fenêtres du rez-de-chaussée est fâcheuse. Le parement des murs est peint d'un ton gris-bleu agréable à l'œil et relevé haut et bas par des bandes et des filets d'un ton plus soutenu. Les vestiaires sont placés dans les salles elles-mêmes, ainsi que les lavabos, composés d'une petite fontaine en zinc d'assez pauvre apparence. Les parquets sont en sapin. Les bancs-tables en usage sont construits d'après un modèle à deux places, dans lequel le pupitre d'un rang sert de dossier au rang placé devant. Les galeries sont munies de grandes banquettes sur lesquelles les enfants peuvent attendre l'heure de la classe.

Les gymnases occupent au rez-de-chaussée les extrémités de chaque aile des bâtiments ; ils sont distincts pour les garçons et les filles.

Le premier étage du bâtiment central renferme les salles de maîtres et de maîtresses ; dans les ailes est une nouvelle série de classes.

Le second étage (fig. 86) contient : au centre, la salle des fêtes, à droite la salle des examens, et, à gauche, la salle de musique. Ces trois pièces peuvent être réunies. « La décoration de la salle des fêtes est *pompéienne*..... », nous a dit, avec un vif sentiment d'admiration, le maître qui nous faisait visiter l'école. Nous avons respecté son sentiment, sans toutefois le partager.

Il faut remarquer que l'école d'Aarau est dépourvue de

ces majestueux escaliers d'honneur que nous avons trouvés dans tant d'autres écoles. Le service des salles de fêtes et autres se fait uniquement par les escaliers des élèves. Les salles de dessin et le musée scolaire occupent les pavillons d'angle et sont séparés par toute une série de classes.

Des privés existent à chaque étage.

Le chauffage s'effectue au moyen de calorifères placés en sous-sol, combinés de façon à favoriser la ventilation sans l'emploi d'aucun procédé nouveau.

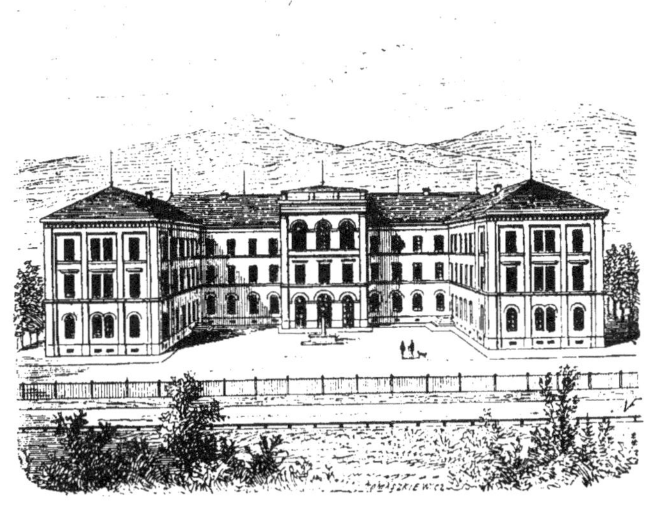

Fig. 87.

La façade principale (fig. 87) s'élève en face d'une brasserie des plus bruyantes, sur une place ménagée le long d'un chemin conduisant de la gare à la ville. L'école se trouve donc un peu éloignée du centre des habitations. La façade sur la cour (fig. 88) regarde le chemin de fer, se marie avec le vert des prés et des arbres, et son architecture emprunte à cet entourage un aspect gai et animé qui n'est pas sans charmes, et qui la fait paraître moins sèche et moins monotone.

Ce serait une erreur de juger de la forme architecturale

Fig. 88.

des constructions suisses par les exemples de façades d'écoles que nous venons de passer en revue et celles que nous verrons par la suite. Les Suisses ont voulu faire de leurs écoles des monuments à part, tranchant énergiquement sur toutes les constructions qui les entourent. A ce point de vue, ils ont incontestablement réussi; mais il y avait un autre moyen à employer pour arriver à ce résultat. Les architectes suisses pouvaient respecter les traditions de leur passé, reproduire, en se les appropriant, les formes des édifices laissés debout sur leur sol par les siècles précédents. Ainsi, voici (fig. 89) la vue d'une des rues d'Aarau. On com-

Fig. 89.

prend l'effet que doit produire au milieu de ces pittoresques toits saillants, de ces fenêtres à meneaux, de ces encorbel-lements audacieux, de ces charpentes sculptées, décorées, couvertes de peintures souvent encore intactes, l'architec-ture d'une façade comme celle que nous venons de voir.

Certes il était possible de tirer parti de ces souvenirs, et il est regrettable que les efforts des architectes suisses n'aient pas été dirigés dans ce sens.

Pour en finir avec l'école d'Aarau, nous dirons qu'elle peut contenir 1,000 élèves et qu'elle a coûté 900,000 francs; l'emplacement consacré à chaque élève revient donc à 900 francs. La surface couverte étant de 2,000 mètres environ, chaque mètre a coûté 450 francs, chiffre un peu inférieur à celui dépensé à l'école de Zoffingen, mais s'en rapprochant de très près. Ce sont, du reste, des chiffres moyens en Suisse pour des établissements de même nature et de même importance.

École de filles Sainte-Clara, à Bâle[1].

Avec l'école Sainte-Clara, nous entrons dans une nouvelle série d'écoles, celles des grandes villes.

L'école Sainte-Clara s'élève dans la partie de la ville dite Petit-Bâle, partie située de l'autre côté du Rhin, dans un quartier ouvrier très-populeux. Elle comprend un seul corps de bâtiment, en bordure d'une voie publique, et suivi d'une cour dans laquelle se trouve le gymnase.

Le vestibule, avec l'escalier et le passage conduisant à la cour, occupe le centre du bâtiment (fig. 90). Du vestibule part une longue galerie sur laquelle, à droite et à gauche, s'ouvrent les portes des différentes classes. A l'extrémité de cette galerie sont, d'un côté, le logement du gardien; de

---

1. M. Calam, architecte, remplacé à sa mort par MM. Vischer et Fuchter. Le programme et les dispositions principales ont été arrêtés par le docteur W. Hiss et M. le professeur Borckhardt-Brenner, un fonctionnaires suisses le plus au courant des questions scolaires.

Fig. 90.

—

1. Vestibule.

2. Grand escalier.

3. Entrée des élèves.

4. Entrée du service.

5. Logement du gardien.

6. Galerie.

7. Privés des élèves.

8. Privés des maîtres.

9. Passage.

10. Salle des maîtres.

11. Classe de 24 élèves.

12. — de 30 élèves.

13. — de 40 élèves.

14. Cour.

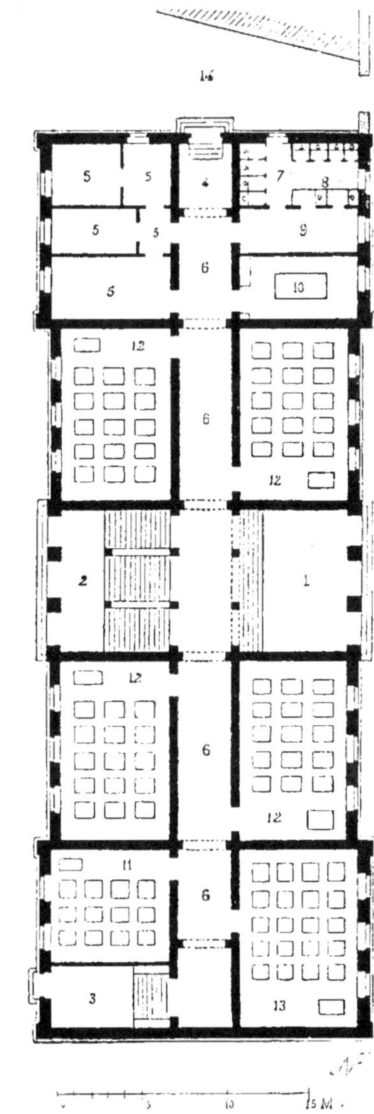

l'autre, les privés et une salle de maîtres, avec une porte et un passage réservé aux élèves. Les classes sont de deux types : celles destinées aux très jeunes enfants ont 10 mètres sur 7 mètres, soit 70 mètres de surface, et contiennent 40 enfants : chacun d'eux occupe donc $1^m,75$. Les classes destinées aux élèves plus grands ont $6^m,50$ sur 10 mètres, soit 65 mètres de surface, et contiennent 30 enfants : chacun d'eux occupe donc un peu plus de 2 mètres, conditions plus favorables que toutes celles que nous avons encore eues à examiner.

La hauteur de ces classes est de $4^m,50$; elles sont toutes uniformément éclairées par trois fenêtres touchant presque le plafond et descendant jusqu'à 75 centimètres au-dessus du plancher. Ces fenêtres ont à la partie supérieure un châssis mobile, semblable à ceux dont nous avons déjà parlé. Les parquets sont en sapin; les parements des murs, revêtus d'un lambris montant à hauteur d'appui, sont peints d'un ton verdâtre. Une corniche en plâtre règne autour du plafond. Les portes sont à deux vantaux, et les galeries servent de vestiaires. Les élèves sont assis sur des bancs à deux places dont le siége mobile leur permet, une fois qu'ils l'ont relevé, de rester debout devant leur pupitre sans quitter leur place.

Le premier étage est occupé par le cabinet du directeur [1], une double série de classes et une salle pour les maîtresses.

Au second étage (fig. 91) se trouvent de nouvelles classes, une salle d'examen et une salle de musique.

Nous avons fait connaitre (fig. 40 et 41) le système

---

1. Le directeur d'une école de cette importance touche un traitement annuel de 5,000 francs.

de chauffage et de ventilation employé. Le socle des murs

Fig. 91.

—

1. Galerie.

2. Cour.

3. Salle d'examen.

4. Salle de musique.

5. Classe de 48 élèves.

6. — de 40 —

7. — de 30 —

8. Salle de maîtres.

9. Privés des élèves.

10. — des maîtres.

11. Passage.

12. Escalier des combles.

de face (fig. 92) est en calcaire jurassique, les murs en élévation sont en molasse verte de Berne.

L'école Sainte-Clara contient 1,000 élèves.

Les travaux de construction, exécutés dans des condi-

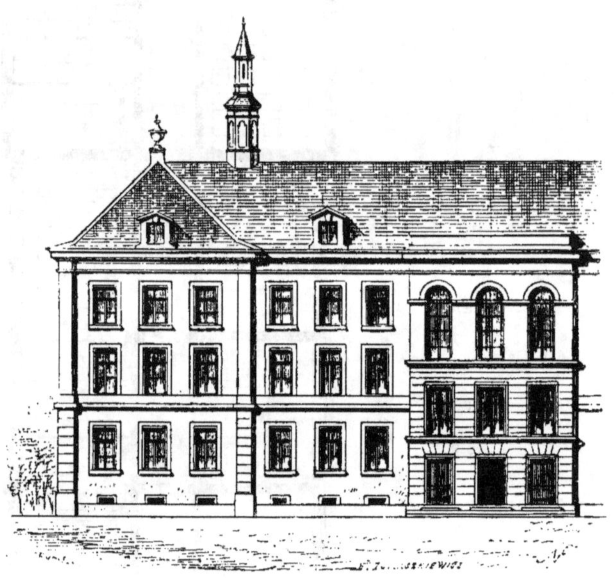

Fig. 92.

tions relatives de simplicité, se sont élevés à la somme de 650,000 francs, soit 650 francs par élève.

École de filles de la Theaterstrasse, à Bâle[1].

Nous avons donné (fig. 14) le plan général et (fig. 29 et 30) le plan et la vue du vestibule et du grand escalier de cette école; il nous reste encore à examiner les détails d'installation et l'ensemble général.

1. M. Stehlin, architecte.

L'école de la Theaterstrasse s'élève à côté du théâtre, en bordure d'une large voie, à laquelle les dimensions et la décoration de la façade de l'école donnent une grande importance. Au centre du bâtiment se trouvent le vestibule et l'escalier d'honneur, conçus dans les proportions de ceux d'un palais; à droite et à gauche, une longue galerie desservant les classes; à l'extrémité de cette galerie, un second bâtiment élevé d'un rez-de-chaussée seulement et contenant une entrée de service avec le logement du gardien, un très grand gymnase et des magasins à la suite (fig. 93).

Les élèves pénètrent directement de la rue à l'école par deux portes qui leur sont exclusivement réservées et qui s'ouvrent sur deux vestibules précédant les grandes galeries. Ces vestibules contiennent un escalier pour les élèves et se répètent d'une façon symétrique dans chaque partie du bâtiment. Les classes ont des dimensions très variées; les plus grandes contiennent 48 élèves, les plus petites 32; dans les unes et les autres, les élèves occupent environ $1^m,80$ de surface (fig. 93). Les classes sont toutes éclairées par 2 ou 3 fenêtres, suivant leur importance. Ces fenêtres montent très-près du plafond et descendent à 70 centimètres du plancher. Les observations relatives à la disposition des classes, faites à propos de l'école Sainte-Clara, s'appliquent également à l'école de la Theaterstrasse.

La salle des fêtes, à laquelle on parvient par le grand escalier, est très richement décorée de peintures, de stucs et de boiseries.

Les privés, composés d'une série de petits compartiments à siéges en sapin, sont installés d'après un système dont nous avons parlé à propos des écoles anglaises. Ces cabinets sont très propres et sans odeur.

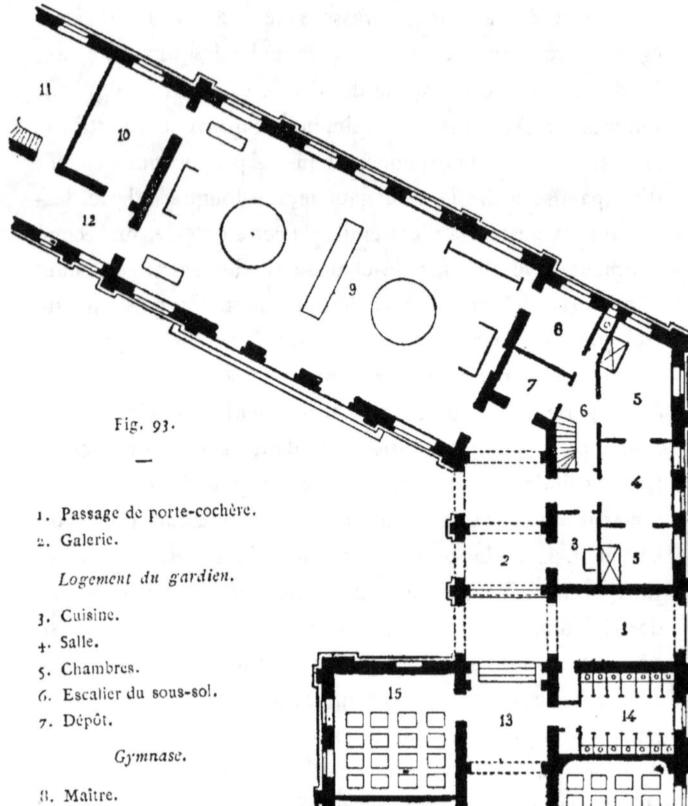

Fig. 93.

—

1. Passage de porte-cochère.
2. Galerie.

Logement du gardien.

3. Cuisine.
4. Salle.
5. Chambres.
6. Escalier du sous-sol.
7. Dépôt.

Gymnase.

8. Maître.
9. Salle d'exercices.
10. Appareils.
11. Magasin scolaire.
12. Passage.

École.

13. Galerie, vestiaire.
14. Privés.
15. Classe de 32 élèves.
16.   —   de 48 —
17. Escalier des élèves.

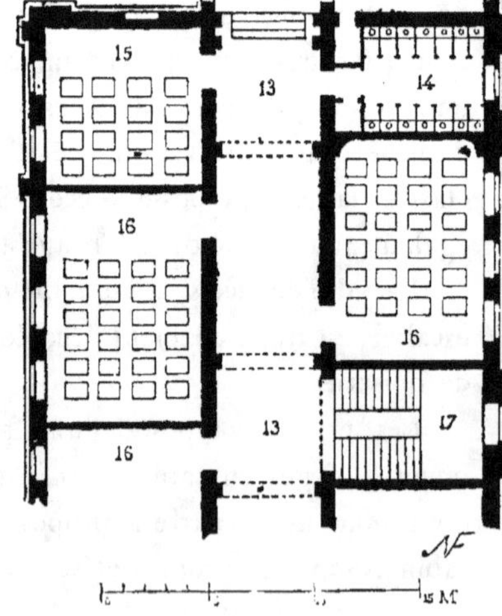

Un des côtés par lesquels les écoles suisses produisent
sur l'étranger une impression des plus favorables est la

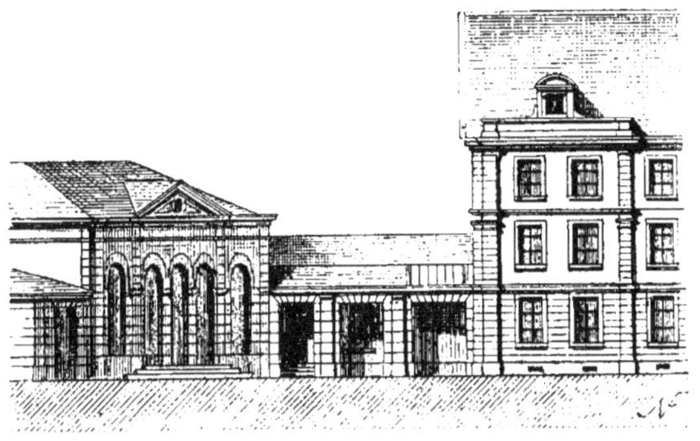

Fig. 94.

bonne tenue des éleves et des maîtres. Les enfants, petits

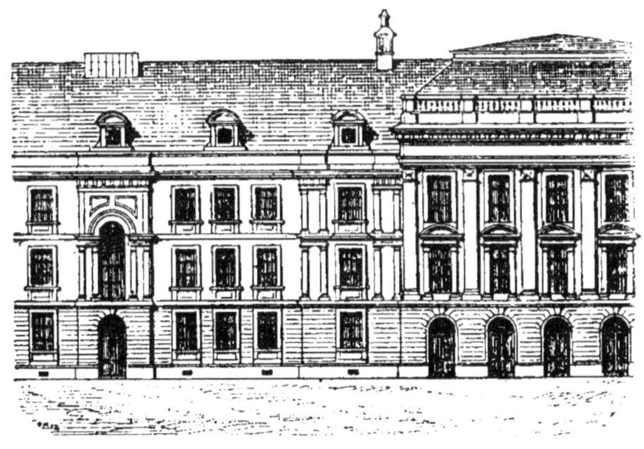

Fig. 95.

garçons et petites filles, arrivent à l'école vêtus avec une
extrème simplicité, cela va sans dire, mais en même temps

avec du linge et des vêtements parfaitement propres ; le linge est blanc, les habits sont brossés, les chaussures cirées, les mains et les figures ont été lavées et les cheveux peignés à la maison. Ces habitudes de propreté, de soins personnels, offrent un contraste frappant avec ce qui se voit en d'autres pays ; elles sont la preuve d'un perfectionnement social très avancé et elles contribuent dans une mesure notable à élever le niveau moral d'une nation ; au point de vue purement scolaire, elles assurent la salubrité de l'école, diminuent les causes de production de miasmes et d'odeurs nauséabondes qu'exhalent les corps et les vêtements malpropres.

La figure 94 montre une partie de la façade sur la cour ; la figure 95, les dispositions de l'avant-corps sur la Theaterstrasse, avec les longues lignes de pilastres dont elle est décorée.

École de filles à Neufchâtel.

Cette école est placée sur une hauteur, à l'angle de deux rues établissant une communication entre la ville haute et le bord du lac, dans une situation très saine et très salubre. La plus grande face des bâtiments est tournée du côté du sud-est et regarde le lac.

Un des côtés de l'école borde une rue, les trois autres sont isolés de la voie publique ; c'est par la porte ouverte directement sur la rue qu'entrent les maîtres et les maîtresses ; les enfants, eux, traversent une avant-cour près la cour de récréation et arrivent à une longue galerie couverte servant, quand le temps est mauvais, de porche et d'abri pour les récréations.

Toutes les parties de l'école ne sont pas établies sur un plan de niveau. Des différences assez sensibles les séparent et sont rachetées par des marches et des perrons (fig. 96). La

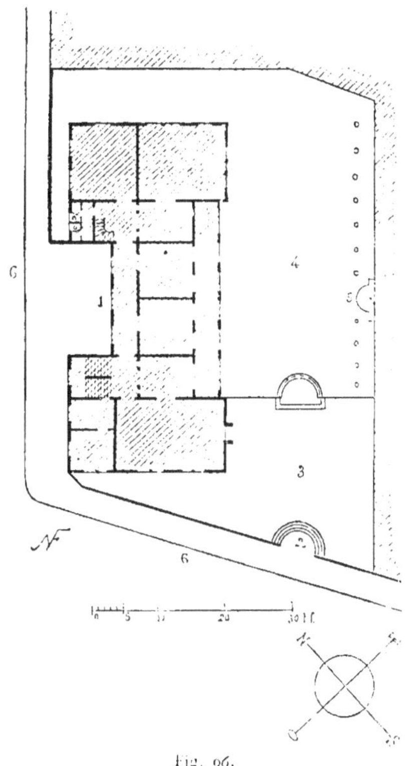

Fig. 96.

1. Entrée des maîtres.   3. Première cour.   5. Fontaine.
2. Entrée des élèves.   4. Cour de récréation.   6. Voies publiques

cour de récréation est sablée et plantée d'arbres; une fontaine est adossée contre le mur du fond.

Le rez-de-chaussée (fig. 97) contient les services généraux, le porche couvert, une chapelle avec un rang

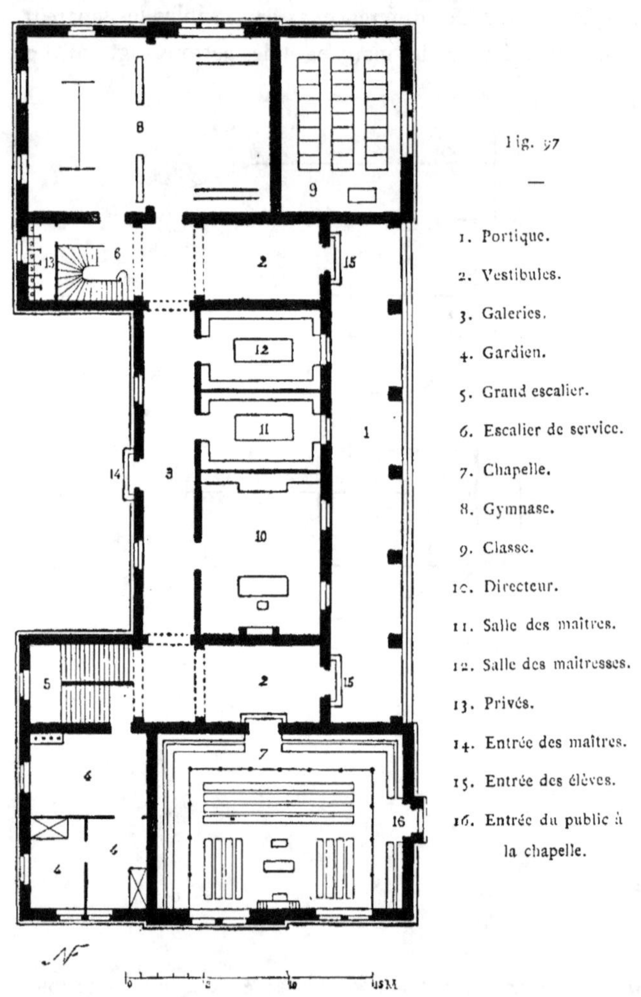

de tribunes occupant la hauteur du premier étage, le
logement du gardien, une galerie desservant le cabi-

net du directeur, deux salles pour les maîtres, une pour les maîtresses, un grand escalier, un escalier de moindre importance, des privés, puis la salle de gymnastique et une classe.

La chapelle est consacrée au service du culte évangélique, indépendant de toute intervention de l'État. Elle a des dimensions qui lui permettent de recevoir le public étranger à l'école.

Les classes, entourées de larges et spacieux dégagements servant de vestiaires, occupent le premier étage. Ces classes (fig. 98) sont peu variées de formes et de dimensions; elles sont éclairées par deux fenêtres percées à la gauche des élèves, et parfois aussi par une fenêtre en arrière; elles ont en moyenne 7 mètres sur 9 mètres, soit 63 mètres, et ne contiennent que 48 élèves, occupant par conséquent chacun un peu plus de $1^m,30$ environ. Les classes des élèves grands n'en reçoivent que 40. Ces classes sont, du reste, réparties de la manière suivante : 13 classes primaires, 2 classes professionnelles, 5 classes secondaires, une classe supérieure. Une salle de dessin est réservée dans les combles. L'enseignement est donné par des maîtres et des maîtresses placés sous les ordres d'un directeur. Le nombre total des enfants admis est de 1,000 environ.

Les salles sont chauffées au moyen d'un calorifère à eau chaude; les parquets sont en sapin; les meubles, placés sur trois rangs avec passages longitudinaux, ne sont pas séparés par des passages intermédiaires; les pieds des bancs et des tables sont en fonte; ils comptent deux places, et le pupitre d'un rang sert de dossier au rang qui précède. Les maîtres n'ont ni estrade ni bureau, mais une table et une chaire; ils vont et viennent constamment à travers la classe en faisant leur leçon. La hauteur d'étage est de 4^m,60 ; les

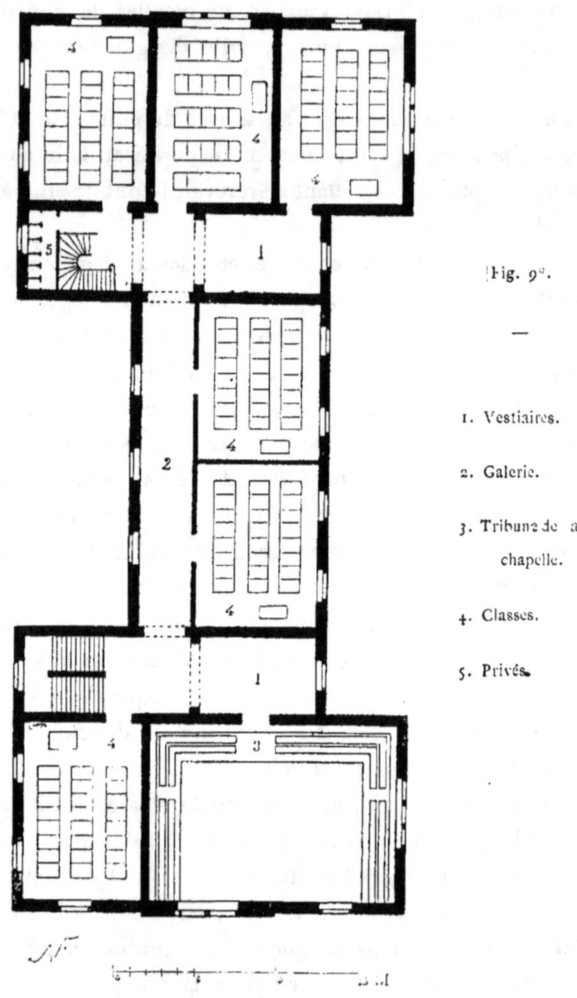

fenêtres sont garnies de doubles châssis vitrés et n'ont pas
de persiennes.

Les façades (fig. 99), simples et sans prétention, indiquent la destination de l'édifice; elles sont entièrement

Fig. 99.

en pierre du Jura, taillée avec soin et posée avec beaucoup de précision.

École de garçons à Neufchâtel [1].

L'école de garçons de Neufchâtel est conçue sur un plan dont les dispositions diffèrent essentiellement de toutes celles que nous avons déjà vues. Le point de départ de ce plan est une cour centrale, autour de laquelle rayonnent

[1]. M. Perrier, architecte.

tous les services. Le plan général (fig. 3) a fait connaître l'ensemble de l'édifice, dont il nous faut maintenant indiquer les dispositions intérieures.

Le vestibule, qui occupe tout l'emplacement accusé sur la façade par l'avant-corps en saillie, contient le grand escalier. Cet escalier est mal agencé; sa place n'est pas assez déterminée, et il ne paraît pas tenir à la construction. Du vestibule on entre dans une galerie qui entoure la cour centrale et dessert les classes, la salle des fêtes et les escaliers des classes. Les portes extérieures s'ouvrent sur les cours de récréation. Les privés sont placés sous une galerie qui en permet l'accès à couvert, et laisse en outre aux enfants la possibilité d'y pénétrer pendant les récréations, sans les obliger à rentrer dans l'intérieur de l'école (fig. 100).

Au premier étage se retrouve le même parti qu'au rez-de-chaussée; le vestibule se répète, sans que cette répétition soit bien justifiée, et occupe un emplacement considérable dont il eût été possible de tirer meilleur parti; mais, sauf cet escalier et ce vestibule, tout le reste du plan est bien distribué. La salle de musique, placée au fond, est éclairée par cinq fenêtres, à travers lesquelles on jouit d'une admirable vue sur les montagnes et sur le lac. Les deux ailes contiennent, l'une, un atelier d'horlogerie, l'autre, un amphithéâtre de chimie industrielle, dont le laboratoire est au rez-de-chaussée.

Les grandes classes, destinées aux plus jeunes élèves, ont 12 mètres sur $6^m,20$, soit une surface de $74^m,40$, et contiennent 54 élèves; chaque élève occupe donc $1^m,40$. Les petites classes ont 8 mètres sur 7 mètres, soit une surface de 56 mètres, et contiennent 32 élèves; chaque élève occupe

Fig. 100.

1. Vestibule.

2. Galeries.

3. Cour vitrée.

4. Salle de musique.

5. Classe (24 élèves).

6. — (54 —).

7. Privés.

8. Vestiaire des maîtres.

9. Salle des maîtres.

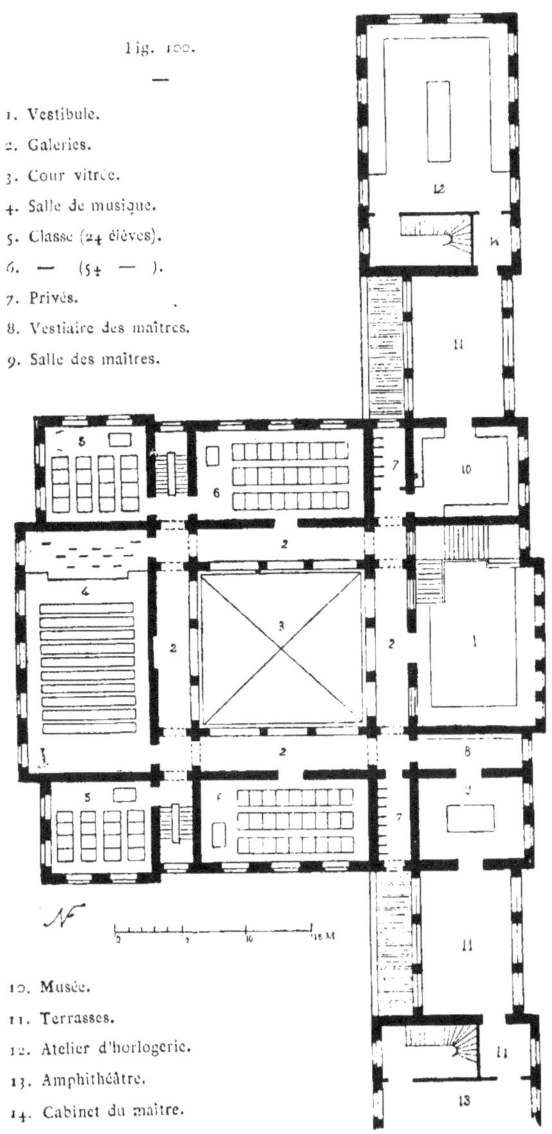

10. Musée.

11. Terrasses.

12. Atelier d'horlogerie.

13. Amphithéâtre.

14. Cabinet du maître.

donc un peu plus de 1^m,60. Ces classes sont éclairées à gauche; leur hauteur d'étage est de 4^m,60.

Le chauffage s'opère au moyen d'un calorifère à air chaud, et les orifices d'évacuation de l'air vicié sont placés près du

Fig. 101.

plafond; cependant, l'atmosphère des classes est parfaitement saine et ne conserve aucune mauvaise odeur; il faut ajouter que, dans la situation exceptionnelle qu'occupe cette école, il suffit, pour aérer une salle, d'ouvrir une fenêtre, et la masse d'air pur qui arrive du lac chasse en un instant tout l'air vicié qui peut s'y être accumulé.

Le mobilier en usage est à deux places avec points d'appui en fonte; le pupitre d'un rang sert de dossier au rang précédent. Des passages longitudinaux sont réservés entre les rangs; mais le système adopté entraîne naturellement la suppression des passages intermédiaires.

Les façades (fig. 101) sont en pierre du Jura, sauf quelques parties en maçonnerie recouverte d'enduit; la construction est soignée, et les arêtes des profils sont polies. Ces façades visent moins à l'effet et sont d'un aspect plus calme que celles des écoles de la Suisse allemande.

La dépense à laquelle ont donné lieu la construction et l'installation de cette école est de 1 million; or, comme elle ne contient que 800 élèves, chacun d'eux coûte donc environ 1,250 francs. Ce chiffre est considérable, quand on le compare aux moyennes de dépenses généralement admises pour les écoles, et, plus que tous les raisonnements, prouve l'importance que la Suisse donne à ses établissements scolaires.

École sur le Schanzengraben, à Zurich[1].

Le plan comprend, au rez-de-chaussée (fig. 102), un grand vestibule suivi d'un escalier monumental. Une galerie dessert à droite et à gauche les différentes classes et remplit en même temps l'office de vestiaire. Les classes, sauf les deux extrêmes, sont éclairées par trois fenêtres percées sur un seul côté; elles contiennent 48 élèves et sont parfaitement disposées à tous les points de vue. Les privés, placés à l'intérieur, sont précédés d'un petit vestibule ouvert sur la galerie. Une salle de fêtes occupe tout l'avant-corps du second étage.

1. *Bericht der Städtischen Schulbankkommission an die Tit. Stadtschulpflege, Zurich;* erstattet von A. Koller, Sekundarlehrer, 1878. Zurich.

Fig. 102.

1. Vestibule.

2. Galerie-vestiaire.

3. Passages.

4. Directeur.

5. Classes.

6. Privés.

7. Grande salle.

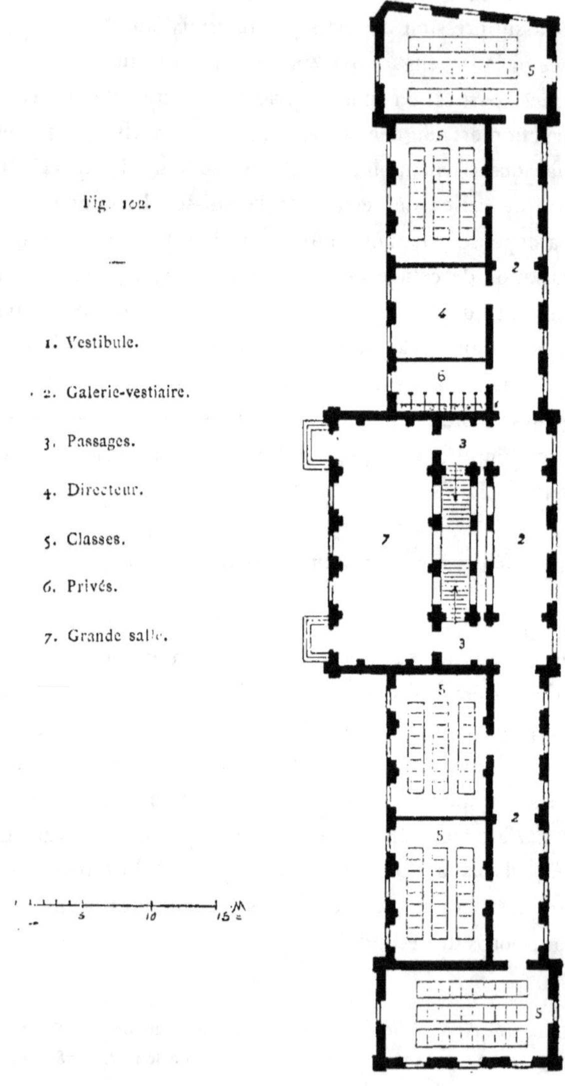

La façade (fig. 103) a un aspect monumental d'une certaine grandeur; les détails n'offrent malheureusement

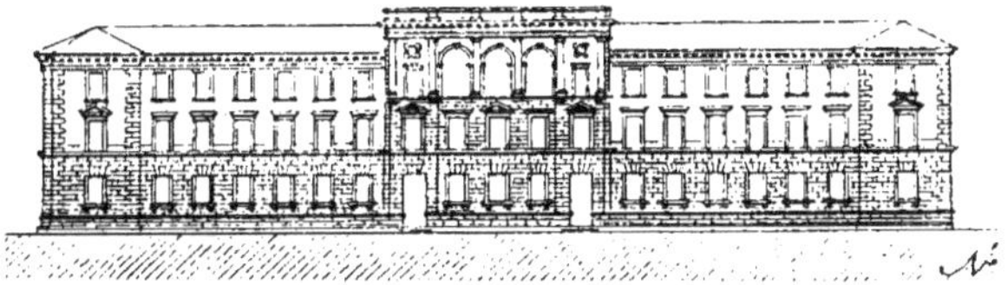

Fig. 103.

aucune originalité, et les mêmes formes se répètent sans faire comprendre les divisions auxquelles elles correspondent. Seule, la grande salle se trouve accusée par des pilastres et de grandes fenêtres circulaires.

École sur la Linterscher-platz.

Le plan de cette école diffère du plan de la précédente, il est moins simple. Au lieu de s'étendre, il est ramassé et offre une distribution très heureuse (fig. 104): à droite et à gauche du vestibule, la salle des maîtres et celle du directeur, puis, en face, l'escalier, se développant en deux volées (fig. 105). A la hauteur du premier palier, se détache une galerie qui dessert toutes les classes et aboutit, à gauche, au logement du gardien et à la salle de gymnastique.

Les classes d'angle sont, à cause de la symétrie qu'on a voulu donner aux façades, éclairées sur deux faces; les autres ne le sont que par des fenêtres percées sur un seul côté. Ces classes contiennent 50 élèves en moyenne.

Les façades (fig. 106) sont ornées de pilastres, de colonnes, de vases et de statues; elles sont très riches, et l'accumulation de formes qu'elles présentent est d'un goût contestable. Il faut toutefois constater que cette seconde

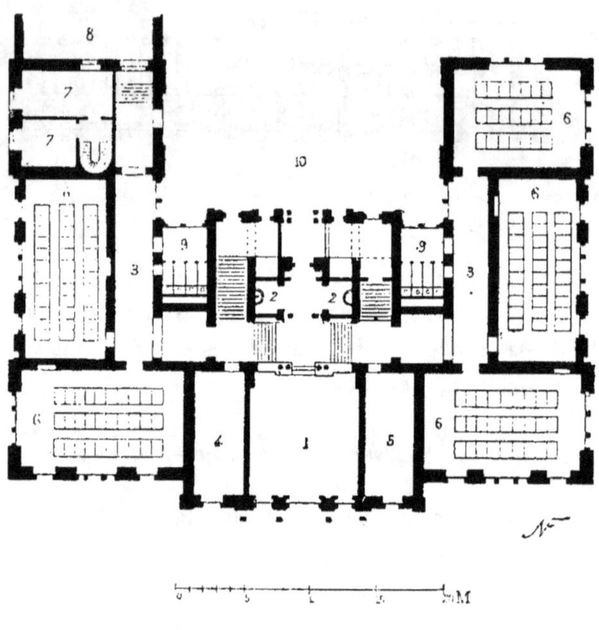

Fig. 104.

1. Vestibule.
2. Lavabos.
3. Galeries-vestiaires.
4. Salle du directeur.
5. Salle des maîtres.
6. Classes.
7. Logement du gardien.
8. Gymnase.
9. Privés.
10. Cour de récréation.

école a, sur la première, l'avantage d'être partagée en travées et percée de fenêtres qui indiquent à l'extérieur la distribution intérieure et l'accusent franchement.

Les deux écoles qui précèdent viennent justifier les

observations que nous avons déjà plusieurs fois faites à

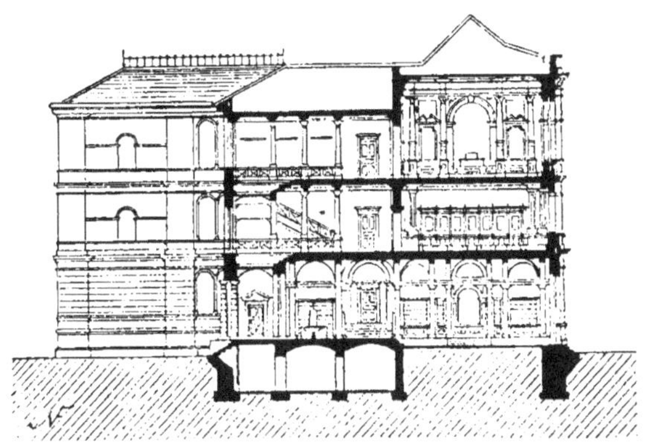

Fig. 105.

Échelle de 0,002 p. m.

propos de l'importance que les Suisses veulent donner

Fig. 106.

non seulement à l'installation, mais encore à la décoration

de leurs écoles. Ils cherchent à en faire le monument important de la cité; ils l'ornent richement, l'entourent d'arbres, de fleurs et de fontaines, et quand ils reçoivent un étranger, c'est l'école qu'ils lui font visiter, de même qu'ailleurs on lui montre le château ou l'église.

École cantonale à Berne[1].

L'école cantonale que la ville de Berne s'occupe d'élever est plus importante que toutes les écoles que nous venons de passer en revue. Ses dimensions et ses dispositions lui permettent de rivaliser avec les grands palais que Berne a construits pour recevoir le Conseil fédéral et contenir les administrations de la république. C'est là une preuve de plus du rôle prépondérant que les Suisses donnent à leurs écoles et de leur désir d'en faire des monuments qui frappent le regard, attirent l'attention au moins autant que peut le faire un lieu de plaisir ou une résidence officielle.

L'école de Berne a 110 mètres de face; elle comprend un corps principal flanqué de deux ailes, terminées chacune par un pavillon (fig. 107); le corps principal comprend un immense vestibule renfermant l'escalier d'honneur, qu'entoure une galerie par laquelle on rejoint, au rez-de-chaussée, l'amphithéâtre de chimie, avec les services qui en dépendent, et, au premier étage (fig. 108), la grande salle de fêtes. Du vestibule partent, à droite et à gauche, des galeries qui desservent les différentes classes et aboutissent à des escaliers secondaires destinés aux élèves. Les classes

1. M. Salvisberg, architecte.

de petites dimensions ont en moyenne 7 mètres × 6 mètres,

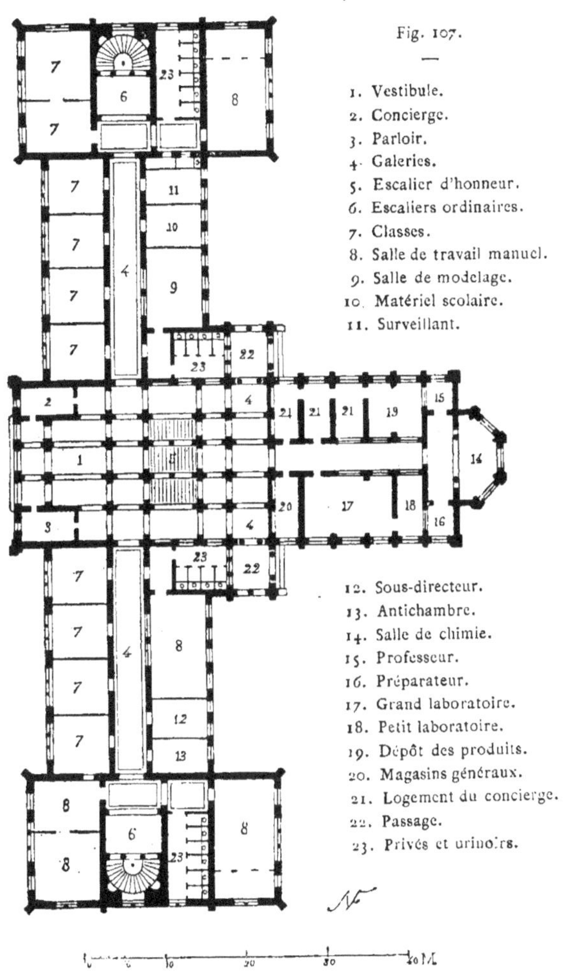

soit 42 mètres de surface, et contiennent 30 élèves, chacun
occupant 1^m,40 de surface.

Le jour vient toujours à gauche et la surface vitrée des

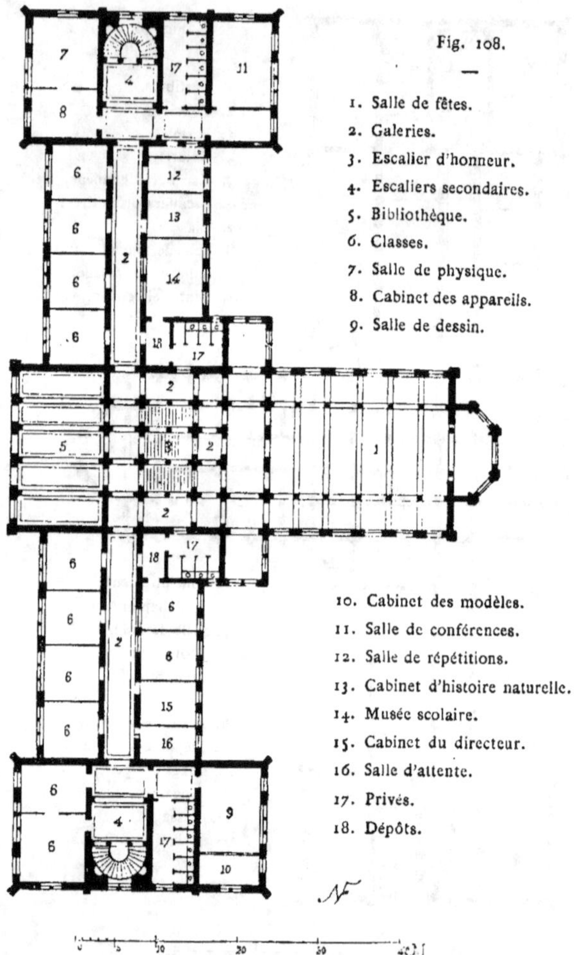

fenêtres atteint, dans chaque classe, près du tiers de la surface
du sol.

Il faut insister sur certains détails du plan qui font connaître la marche et le programme de l'instruction publique en Suisse, remarquer l'utilité des salles de conférences, d'examen, de répétition, de travail manuel, et ne pas perdre de vue qu'en Suisse comme en Allemagne, l'instruction primaire est le début de l'instruction secondaire et supérieure; qu'en ces deux pays, l'enfant commençant ses études peut s'arrêter ou continuer à son gré à franchir les divers degrés qui composent l'ensemble des connaissances dont il aura besoin dans sa carrière sans être,

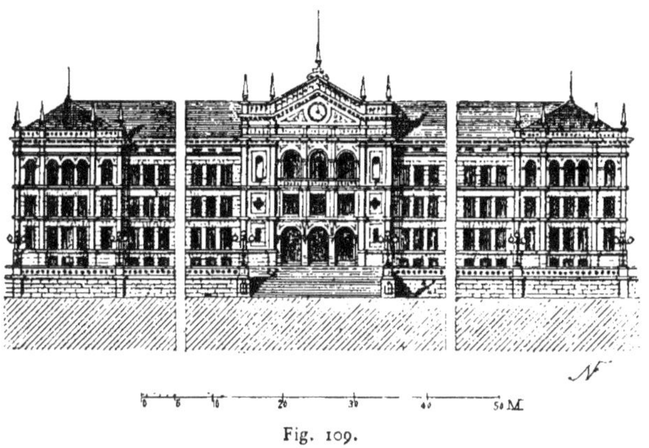

Fig. 109.

à un moment donné, obligé de retourner en arrière pour suivre une nouvelle méthode; chez nous, au contraire, l'enfant qui quitte l'école primaire pour continuer ses études doit, pour les compléter et aller plus loin, recommencer ses études élémentaires, qui n'ont pas été faites en vue de pouvoir le conduire au delà d'un but borné très limité.

Les façades de l'école de Berne (fig. 109) répondent au plan; elles ont un caractère de grandeur qui répond au rôle du monument, mais, au point de vue des détails de la forme architecturale, elles s'éloignent du résultat que nous cherchons à atteindre en France.

Un édifice de cette importance exigerait, pour être connu, de nombreuses planches présentées à une grande échelle; les moyens très limités dont nous disposons ne nous ont permis d'en montrer que les points essentiels, à peine suffisants pour avoir une idée de l'ensemble général.

Nous avons, du reste, déjà eu l'occasion de parler de cette école, à propos de son gymnase (fig. 10, 11, 12).

IV.

LOGEMENTS DE MAITRES.

Dans aucune des écoles que nous venons de passer en
revue, nous n'avons trouvé de logement autre que celui du
gardien. Maîtres, sous-directeurs, directeurs, ne sont pas, en
Suisse, logés à l'intérieur de l'établissement d'instruction
primaire auquel ils sont attachés. Les écoles rurales seules
font exception à cette règle, exception qui s'explique et
se justifie suffisamment : d'abord, par les difficultés qu'aurait
un maître d'école à trouver dans un village un local convenable; ensuite, par la nécessité de faire garder la nuit le
bâtiment scolaire, presque toujours monument municipal
dans lequel sont déposés les registres de l'état civil, le
recueil des actes officiels, etc.

Dans les villes, la situation n'est plus la même, et on ne
saurait trop insister, non pas seulement sur l'inutilité
des logements à l'intérieur de l'école, mais encore sur
tous les inconvénients, tous les abus qu'y soulève leur
installation.

L'Angleterre et la Suisse ne comprennent aucun logement de maîtres ou de directeurs dans leurs écoles; la
Hollande et la Belgique en comprennent un seul; l'Allemagne est pour leur suppression absolue.

On ne comprend pas, en effet, quelles raisons plausibles peuvent être mises en avant pour justifier la demeure, dans son école, d'un maître ou d'un directeur dont le service commence avec le jour, finit avec la nuit, et qui, par conséquent, n'a plus rien à faire à l'école, une fois sa classe finie et ses élèves partis.

On fait, avec quelque raison, valoir en faveur du maintien du logement de maîtres à l'école, la considération qui en résulte pour eux, les égards, le respect qu'inspirent aux élèves et à leurs parents des maîtres habitant un édifice public dans des conditions qui paraissent être la récompense de leur mérite. Cet argument n'est pas sans valeur; mais, pour rester dans le vrai, il faut ajouter que la considération purement matérielle, apportée au maître par la nature de son logement, est bien compensée, et au delà, par la déconsidération que lui attire la néce sité de rendre ses élèves témoins de certains détails domestiques, de bruits de ménage, de querelles intestines, de contestations soulevées entre les familles voisines.

On dit aussi que le maître, logé à l'école, est plus près de son centre d'action; mais l'action du maître, l'action du directeur, cesse au moment du départ de leurs élèves. Le magistrat, qui a besoin de bien plus de considération encore que le maître d'école, dont toutes les occupations, uniquement concentrées sur le même point, doivent être exercées dans le même milieu, n'est pas logé au palais cependant. Et combien d'autres exemples trop longs à citer!

On l'a bien souvent dit et répété, la demeure du maître à l'école est une source d'abus, de récriminations, de dépenses inutiles. Il n'est pas ici question des maîtres français, trop pénétrés du sentiment de leurs devoirs pour jamais les oublier; mais, ailleurs, n'a-t-on pas vu des maîtres se retirer chez eux aux heures de classes, se présenter à leurs élèves dans une tenue plus que fâcheuse, leur imposer de prendre soin de leur ménage, de balayer les chambres et frotter les parquets, faire assister l'école entière à des scènes d'intérieur déplorables, à des discussions dont les enfants n'ont, hélas! déjà que de trop fréquents exemples sous les yeux à la maison paternelle?

Quant à la dépense, — et nous ne parlons pas ici des frais de combustible, d'éclairage, d'entretien des bâtiments, mais seulement de l'installation première, du gros œuvre de la construction, — elle est considérable, comme il est facile de s'en rendre compte.

Un groupe scolaire complet, dans une grande ville, comprend 6 logements : 3 de directeurs ou directrices pour l'école de garçons, l'école de filles et la salle d'asile, et 3 de sous-directeurs ou sous-directrices. Les logements de directeurs occupent en moyenne une surface de 120 mètres; ceux de sous-directeurs, une surface de 100 mètres, soit, pour les six, une surface totale de 660 mètres. Le mètre carré de ce genre de constructions coûte environ 135 francs, à cause de la cave qui lui est adjointe et des dispositions spéciales qu'il faut prendre dans les étages inférieurs afin de supporter les cloisons de distribution, de placer les coffres de cheminées, les privés, etc. C'est donc, pour les logements du groupe entier, une dépense de 90,000 francs environ. Or, un groupe scolaire, comme celui dont il est question ici, coûte 475 francs par élève et, pour 1,000 enfants, par conséquent, 475,000 francs. La dépense nécessitée par les logements entre donc, dans la dépense totale, pour près d'un cinquième, ce qui revient à dire que, lorsqu'une ville contruit 5 groupes scolaires de 1,000 élèves, elle ne peut y recevoir que 5,000 élèves, si elle y loge les directeurs et sous-directeurs, et qu'elle en recevrait 6,000, si elle supprimait tout logement.

Si, maintenant, sans tenir compte de l'économie à réaliser par la suppression des logements, on envisage les améliorations que cette suppression permettrait d'apporter à la construction d'une école, on voit combien il deviendrait facile de les doter de gymnases, de réfectoires pour les enfants, de classes plus petites et par suite habitées par un moins grand nombre d'élèves, de salles professionnelles, de salles de réunion, d'un mobilier perfectionné, etc., et, alors, l'hésitation n'est plus possible.

V.

JARDINS D'ENFANTS

Nous ne voulons pas faire une nouvelle description des jardins d'enfants ; les développements dans lesquels nous som-

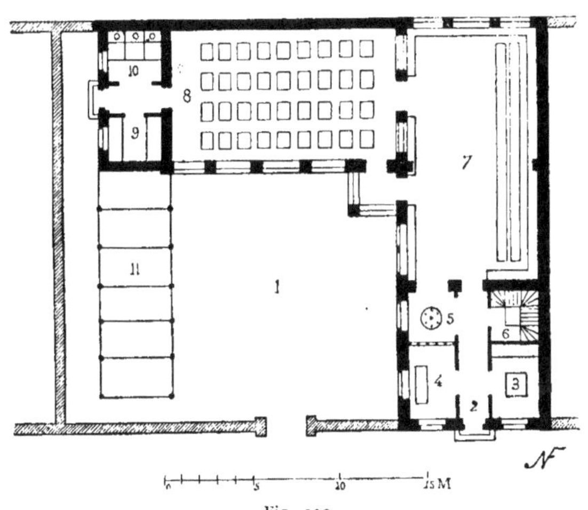

Fig. 110.

1. Cour.	5. Lavabos.	8. Salle d'escrime.
2. Entrée principale.	6. Escalier conduisant au	9. Salle de repos.
3. Salle des maîtres.	logement de l'étage.	10. Privés.
4. Cuisine.	7. Préau.	11. Abri couvert.

mes précédemment entrés à ce sujet sont plus que suffisants pour les faire connaître ; mais il nous a paru utile d'indiquer une disposition particulière pouvant être d'une heureuse application.

Le jardin d'enfants dont il s'agit (fig. 110) comprend deux bâtiments se coupant à angle droit. Une partie seulement monte d'un étage et contient le logement du gardien. A leur arrivée, les enfants trouvent une pièce avec un lavabo, puis la salle de jeux et, au fond, la salle d'exercices. Ces deux salles donnent directement dans la cour de récréation par deux portes percées au sommet de l'angle formé à la rencontre des deux bâtiments et abritées sous un petit auvent. A la suite de la salle d'exercices sont ména-

Fig. 111.

gés les privés et une petite pièce de repos pour recevoir les enfants subitement malades; dans la cour, une innovation fort ingénieuse a disposé, tout le long d'un des côtés, un portique de verdure et de feuillage sous lequel les enfants peuvent jouer à l'ombre, à l'abri du soleil.

Une petite cuisine, placée près de l'entrée, sert à préparer les aliments et les boissons chaudes des petits élèves; la salle des maîtresses est en face, et le logement du gardien, composé de trois pièces, est, comme nous l'avons dit, installé au premier étage. Ce jardin d'enfants dépend d'un établissement de bienfaisance, avec lequel il communique au moyen d'une porte ménagée près du petit bâtiment annexe; il peut contenir 72 enfants et est chauffé par un calorifère à eau chaude.

Les façades (fig. 111) expriment bien les divisions du plan, mais n'offrent aucun caractère bien saillant.

VI

MOBILIER SCOLAIRE

Nous croyons utile de faire précéder notre travail sur le mobilier des écoles suisses, de deux études fort intéressantes, publiées sur ce sujet, l'une par M. de Saint-Georges, architecte, l'autre par le docteur Hiss.

Voici d'abord l'étude de M. de Saint-Georges[1].

« Quand on a une classe bien aérée, chauffée, éclairée et ventilée, si le mobilier de l'école est défectueux, le but n'est atteint qu'à moitié.

« On a écrit bien des volumes sur les bancs d'école ; Guillaume, Coindet, Paron, Fahrner, Buhlmann, Eulenburg, Schreber, Schraube, Wildberger, Passavant, Zwez, Fink, Freigang, etc., ont tous traité cette question avec plus ou moins de succès. La disposition habituelle des bancs et tables d'écoles est trop connue pour qu'il soit utile de s'y arrêter. C'est dans une classe de ville ou de village qu'il faut pénétrer à l'heure de la leçon pour bien reconnaître les défauts de ce mobilier. La position des élèves frappe au

1. *Bulletin de la Société vaudoise des ingénieurs et des architectes,* W. H. de Saint-Georges.

premier coup d'œil par sa défectuosité. Si l'on suit attentivement un même groupe d'élèves pendant quelque temps,
on voit sans peine que, sur 10 élèves, il y en un dont
le corps est dans une position continuellement correcte;
3 ou 4 se tiennent habituellement mal, tandis que le reste
se tient tantôt bien, tantôt mal. Il faut entendre ici par se
tenir mal une position dans laquelle les yeux ne sont qu'à
3 ou 5 pouces de distance du papier, le dos fortement penché en avant, et en outre tourné à droite autour de la
colonne vertébrale comme pivot, la poitrine appuyée contre
le bord du pupitre. Cette position éminemment favorable à
la déviation de la colonne vertébrale, à l'abaissement de la
vue et au dénivellement des épaules, est celle que la majorité des enfants prend pendant tout le temps que dure l'instruction primaire. Si nous calculons le nombre d'heures
pendant lesquelles nos enfants sont assis sur les bancs de
l'école, on peut compter en moyenne 40 semaines par an à
6 heures par jour, soit 1,440 heures, et pendant les 9 ans que
dure l'instruction primaire, un total de 12,960 heures. Sur ce
chiffre on peut admettre que la moitié environ se passe à
écrire soit pour des dictées, copies, calculs, dessin, thèmes,
notes à prendre, etc. Mettons 5,000 heures seulement pour
ce genre d'occupation; voilà donc 5,000 heures que les
enfants passent dans la position la plus défavorable à leur
développement corporel, et cela au moment même où le
corps se forme et acquiert petit à petit le pli définitif qu'il
gardera toute sa vie! Encore ici, il n'est tenu aucun compte
du travail écrit fait en dehors de l'école, pendant lequel
l'enfant, souvent sans surveillance, se tient encore plus mal
que sous les yeux de son maître.

« Cette position tend-elle à raccourcir la vue de l'enfant?

En voici la preuve : Après des observations longtemps répétées sur de nombreux enfants, il est constant que dans les deux ou trois premières années d'école, tous les enfants, sauf de rares exceptions, peuvent lire un livre imprimé en caractères ordinaires, posé sur leur pupitre, tandis qu'ils se tiennent debout dans leur banc. Au bout de deux ou trois ans, ces mêmes enfants ont de la peine à lire ces mêmes caractères étant assis sur leur banc et en se tenant bien droits. Enfin, au sortir de l'école, la proportion de ceux qui, sans être précisément myopes, ont, soit les yeux inégaux, soit la vue raccourcie, est considérablement augmentée. D'où cela provient-il si ce n'est de la position fautive signalée ci-dessus?

« Cette position amène aussi des désordres dans la conformation du corps des enfants; il résulte de nouvelles observations faites sur un nombre considérable d'enfants, que l'épaule droite a une tendance à être plus haute que l'épaule gauche, surtout chez les filles. L'omoplate droite fait saillie, l'épine dorsale est tordue à droite, et toute la partie thoracique perd sa symétrie. Voici le mal, quelle peut en être la cause? La réponse est vite trouvée en général : négligence du maître, dit-on, et paresse des élèves. — Ceci n'est pas entièrement faux, mais ce n'est qu'une très-petite partie de la vérité. En effet, prenez une classe d'enfants bien disposés, désireux de bien faire, et mettez-les à un travail écrit. Avant de commencer à écrire, les élèves sont dans une position correcte; les deux omoplates sont dans un plan parallèle à celui du bord du pupitre; les cahiers sont placés de manière à ce que le bord gauche concorde à peu près avec la ligne médiane du corps. Au moment où *ils* commencent à écrire, toutes les têtes font simultanément un mouvement en avant et à gauche. Un instant après, on remarque que toutes les têtes s'abaissent successivement par un mouvement subit, de manière que les vertèbres cervicales forment un angle prononcé avec le reste de la colonne vertébrale; enfin la partie supérieure du dos s'affaisse, de manière à être en quelque sorte suspendue aux omoplates que supportent les avant-bras.

« Dès ce moment, les élèves prennent deux positions différentes, suivant l'endroit de leur cahier où ils écrivent. Ceux qui sont en haut du cahier ou au commencement d'une ligne s'appuient sur les deux coudes; la poitrine s'abaisse jusqu'à toucher la table; le dos forme une bosse en arrière, les yeux ne sont plus qu'à 3 ou 4 pouces de l'écriture, et au bout d'un instant la position se modifie dans ce sens que les points d'appui sont la poitrine, le coude gauche qui s'éloigne toujours plus du corps, et l'avant-bras droit. — Ceux des élèves qui sont au bas d'une page, ne pouvant plus trouver de point d'appui sur la poitrine ou l'avant-bras droit, se reposent entièrement sur le coude gauche, ce qui occasionne non seulement une flexion de la colonne vertébrale, mais encore une déviation autour de son axe.

« Dans cette position, le côté gauche de la poitrine sert forcément de point d'appui; le coude gauche s'éloigne considérablement du corps en se portant en même temps en avant; la tête se penche du côté de l'épaule gauche; l'avant-bras droit repose sur la table; les yeux souvent ne sont plus qu'à 2 ou 3 pouces du papier, et fortement déviés vers la droite, tellement même que certains enfants ont l'air de loucher. Si l'on répète l'expérience ci-dessus, on sera frappé de la constance des phénomènes signalés chez tous les enfants, quels que soient leur âge et leurs dispositions physiques et morales, et l'on est forcé de s'avouer qu'il doit y avoir là autre chose qu'une simple inattention ou mauvaise volonté de la part des élèves. — Que se passe-t-il, en effet, dans l'exécution des divers mouvements de torsion et de flexion constatés? Rien autre si ce n'est un déplacement du centre de gravité de la tête, qui, dans sa position normale, se trouve être précisément sur la colonne vertébrale, de sorte que celle-ci porte la tête sans que les muscles du cou aient autre chose à faire que de la tenir en équilibre. Dès que la tête se penche en avant, le centre de gravité se déplace, il dépasse le bord antérieur des vertèbres cervicales; tout aussitôt les muscles du cou doivent retenir la tête pour l'empêcher de tomber en avant; au bout de peu de temps, ces muscles se fatiguent, la tête tombe et les muscles de la partie supérieure du dos entrent en jeu; lorsque ceux-ci se fatiguent à leur tour, l'enfant est obligé de chercher son point d'appui autre part que sur ces groupes de muscles qui refusent leur service; alors les deux coudes viennent à la rescousse, et le corps se trouve comme suspendu et porté par les deux omoplates. Bientôt cependant ces muscles se fatiguent; c'est le moment où les bras s'éloignent du corps et où la poitrine vient s'appuyer sur la table.

Cette position, très mauvaise pour la santé, est, en outre, horriblement gênante; en voici la preuve : qu'on arrête un instant la dictée ou tout autre devoir, aussitôt toutes les têtes se relèvent, les cous se redressent, les bras se rapprochent du corps, puis suit une série de mouvements où l'enfant s'étire, s'allonge et témoigne inconsciemment et par une détente générale des muscles combien la cessation de cette position lui fait de bien.

« Il résulte de ces observations que, dès le moment où l'enfant commence à écrire, il est en lutte perpétuelle avec la pesanteur, et nous exigeons de lui que, par une tension continuelle et prolongée des muscles, il contre-balance cette force puissante. Ceci est une impossibilité, et nous exigeons d'êtres jeunes et faibles un déploiement de force auquel nous-même nous ne pourrions suffire.

« La fausse position des enfants occupés à écrire ne vient pas seulement de leur négligence, mais surtout du fait qu'ils sont obligés, bon gré, mal gré, dans les conditions ordinaires des tables et bancs d'école, d'obéir aux lois de la pesanteur. D'où cela vient-il?

« Premièrement, en grande partie, surtout pour les plus jeunes enfants, de ce que le haut du corps, lorsqu'ils se tiennent bien droits, est beaucoup trop éloigné du bord supérieur du cahier ou de l'ardoise sur laquelle ils écrivent. En effet, l'ardoise peut avoir environ 8 pouces de hauteur, la distance entre le bord du pupitre et celui du banc est ordinairement de 3 à 4 pouces; de plus, l'enfant est assis de manière à ce que la verticale passant par son corps tombe à 3 ou 4 pouces environ du bord du banc, d'où il résulte que la distance entre son épaule et le sommet de son cahier est de 13 à 14 pouces. Un enfant de 7 à 8 ans devrait donc pour conserver une position bien droite, sans se pencher en avant, écrire presque à bras tendu.

« En second lieu, à cause de la distance qui existe en général entre le bord du banc et celui du pupitre, l'angle visuel se trouve tellement aigu, lorsque l'enfant essaye d'écrire en se tenant bien droit, qu'il devient souvent plus petit que 45°, tandis qu'évidemment l'angle de 90° est celui qui est le plus favorable à une vision nette et facile.

« De plus, en vertu des lois sacrées de la calligraphie, la position de la plume dans la main de l'enfant est telle, qu'il lui est impossible d'en voir les becs; or, à l'âge où l'on apprend à former les lettres, il est de toute importance de pouvoir suivre du regard le dessin formé par l'extrémité de la plume ou du crayon, et c'est ce que l'enfant cherche instinctivement à faire en penchant la tête en avant et de côté.

« Si on essaye de remédier à ce mal en rapprochant le siège du pupitre, immédiatement la position de l'enfant s'améliore; de même si on abaisse le niveau de la table par rapport à celui du banc, on remarque aussi une amélioration sensible. Un autre moyen de corriger la trop grande acuité de l'angle visuel serait de donner aux pupitres une inclinaison beaucoup plus forte; mais dans ce cas l'inconvénient de ne pouvoir mettre un objet quelconque sur le pupitre sans le voir glisser, et le fait que les bras ne peuvent s'y reposer sans glisser à leur tour, doivent faire abandonner ce remède.

« Voici une expérience facile à faire :

« La taille moyenne d'un enfant de 7 à 8 ans est de 3 pieds 7 pouces; la différence de hauteur entre le bord inférieur du pupitre et celui du banc est de 8 pouces environ, dans la plupart des bancs des écoles du canton de Vaud. La distance entre les deux bords du banc et du pupitre en projection horizonrale est de 3 pouces en moyenne; l'ardoise a environ 8 pouces de haut. La grandeur moyenne d'un homme est de 5 pieds 5 pouces, c'est-à-dire une fois et demie celle de l'écolier ci-dessus; en suivant la même proportion, qu'un homme se fasse un siège où la différence de hauteur soit de 13 pouces, la distance de 4 pouces ½,

la hauteur de l'ardoise 10 pouces, sa largeur 12 pouces;
puis, une fois ces préliminaires arrangés, qu'il s'asseye
devant sa feuille de papier en observant minutieusement
toutes les recommandations qu'il fait à ses propres enfants
lorsqu'ils écrivent; qu'il écrive une heure sans rien changer à sa position correcte, s'il le peut; ensuite qu'il exige
le même exercice de ses enfants, s'il l'ose. Il n'aura pas
écrit dix minutes, qu'il se surprendra involontairement à
exécuter toute cette série de mouvements décrits plus haut,
et il sera forcé de convenir que les règles de calligraphie
et de tenue que l'on impose aux enfants, avec la construction actuelle des bancs et des pupitres d'école, sont impos-
sibles à suivre soit pour lui, soit pour eux. Qu'il essaye un
peu de rapprocher sa chaise du pupitre, il se sentira immédiatement soulagé; et si, après avoir diminué la distance, il
en fait autant de la différence, il arrivera en tâtonnant à
trouver un point où ces deux facteurs seront tels, qu'il
aura indubitablement, à son propre sens, atteint la proportion parfaite qui lui permettra d'écrire commodément,
tout en se tenant droit, c'est-à-dire en faisant porter le
centre de gravité de la tête sur la colonne vertébrale.
Qu'il se lève sans déranger en rien la position de sa chaise
ou de son pupitre, et qu'il mesure. Il trouvera que la distance est réduite à zéro ou à peu près, et que la différence
est telle, que si on enlève le pupitre, le corps peut, sans
efforts musculaires, rester dans la même position qu'en
écrivant, avec la seule différence que les avant-bras retom-
bent le long du corps.

« Ce fait une fois constaté, il faut l'appliquer aux tailles
des enfants de divers âges, et on obtiendra un système
rationnel de bancs et de pupitres, gradués suivant la taille

des élèves, et conformes aux besoins de leurs corps; mais cette application se heurte dès l'abord à une objection relative à la distance, que je fais égale à zéro. Comment l'enfant peut-il se tenir debout dans son banc, si le bord inférieur du pupitre et le bord antérieur du banc sont sur une même perpendiculaire, ou à très peu de chose près?

« L'objection est spécieuse, mais si l'on réfléchit que, pendant les 6 heures d'école journalière, chaque enfant ne se tient guère debout que pendant un quart d'heure en tout, au maximum, tant pour la récitation que pour la prière, il est facile de comprendre qu'il serait insensé de rendre incorrecte la position assise qui dure 5 heures trois quarts pour un quart d'heure pendant lequel l'élève doit être debout. De plus, il est très désirable d'introduire dans les écoles le système américain, où un banc spécial est attribué à chaque élève ou à deux élèves au plus. Rien de plus facile alors à l'élève de sortir de son banc pour se tenir debout, du moment qu'il peut le faire sans déranger personne. Pour déterminer la valeur de la dimension appelée différence, il suffit de savoir quel rapport existe entre la longueur totale du corps à différents âges, et la distance entre le coude et le banc en laissant tomber les bras naturellement le long du corps.

« Chez les garçons ce rapport est environ comme $1 : 7.57$;
« Chez les filles comme $1 : 6.6$.

« Cette différence provient surtout de ce que les vêtements des filles, sur lesquels elles s'asseyent, augmentent légèrement la distance du coude au banc. Pour déterminer donc la différence, il suffit de connaître la taille moyenne des enfants d'un même âge environ, et la pratique montre que, pour une école primaire, il suffit d'avoir 3, au plus 4 modèles de bancs de diverses hauteurs et proportions pour satisfaire à toutes les exigences des tailles. »

Voici maintenant l'étude du Dr Hiss[1].

« *Historique de la question.* — Ce n'est que depuis un laps de temps relativement assez restreint, que l'attention du public a été attirée sur la forme et les dimensions à donner aux bancs et aux tables destinés aux écoles. Les principes auxquels doit se conformer une installation de ce genre, si importante au point de vue de l'hygiène, n'ont été formulés que depuis une dizaine d'années.

« *Écoles américaines.* — C'est d'Amérique qu'est partie la première impulsion donnée à ces études; ce sont des maîtres d'école, des médecins américains, qui les premiers ont présenté cette double observation : que les locaux actuellement en usage étaient un obstacle au développement physique des enfants, et que la flexion continuelle du dos leur imposait une fatigue inutile. Un recueil illustré des modèles des bancs-tables américains appropriés aux exigences de l'hygiène, et publié par Henry Barnard [2], rompit avec les anciennes traditions et abandonna les sentiers battus.

« Cet ouvrage présente différents modèles de pupitres, tous ayant les points d'appui en fonte. Les plus simples

---

1. *Mémoire* du Dr Hiss (dont des extraits ont déjà été donnés dans la première partie) : *Gutachter der Special-Commission für Schulgesundheitspflege und Bericht uber den gegenwärtiger Stand der Schulbankfrage in Basel erstattet*, von W. Hiss, prasident.

2. *Principes d'architecture scolaire.* Cincinnati, 1854.

ont pour dossier de banc le pupitre placé en arrière, les autres ont des sièges distincts pour chaque élève [1]. Barnard propose l'adoption d'un modèle ayant pour chaque place un siège séparé avec bras et dossier. Les modèles des meubles américains, malgré leur incontestable supériorité sur les nôtres, n'ont pas été jugés suffisamment pratiques, et pour ce motif n'ont pas été admis dans nos écoles [2].

« *Travaux du Dr Guillaume.* — Le Dr Guillaume, dans son ouvrage si connu sur l'hygiène scolaire, a précisé pour la première fois les règles à suivre dans l'établissement de bancs-tables des écoles, et a résumé les différentes opinions à ce sujet.

« Il faut abandonner, dit-il, la position droite, vraiment déplorable, qu'imposent aux enfants les bancs actuellement en usage. Cette position cause une prompte fatigue; elle oblige l'enfant à adopter une pose anormale, *la flexion sur soi-même,* qui à sa suite entraîne une longue série de maux, tels que déviation de la colonne vertébrale, affaiblissement de la vue, fréquents maux de tête, saignements de nez, gonflement de la glande thyroïde, désignée par le Dr Guillaume sous le nom d'excroissance des écoles, troubles dans la digestion; puis, si cette situation se prolonge, survient la compression de la poitrine et des intestins (rachitisme).

« Dans ses conclusions, le Dr Guillaume, joignant ses

1. *Illustrations pratiques des dessins d'architecture scolaire.* New-York, 1854.

2. Voir les dessins de ces meubles dans nos *Écoles publiques en France et en Angleterre.*

efforts à ceux des Américains, et voulant mettre de côté tout esprit de minutie et de détail, demande que la taille des élèves soit mesurée et sérieusement constatée; que les sièges présentent cinq modèles de grandeurs différentes; que ces sièges aient un dossier montant jusqu'aux omoplates, et une barre inférieure pour les pieds.

« *Travaux du D*[r] *Fahrner*. — A peu près en même temps que le Dr Guillaume formulait ces principes, un autre médecin suisse, le Dr Fahrner, de Zurich, discutait la question des bancs d'école [1] et développait les règles dont l'application devait, pensait-il, conduire à la solution de la grande question qui s'agitait.

« Fahrner passe en revue toutes les positions défectueuses qu'on peut prendre en écrivant, et qu'adopte l'enfant assis sur les sièges des classes élémentaires d'une école; il explique que la tête, si on la penche en avant ou de côté, occasionne un affaissement du dos, donne une direction oblique à la colonne vertébrale et aux épaules, fait appuyer la poitrine sur la table, rend louche le regard dirigé sur le papier; il faut même ajouter à ces premiers inconvénients un tournoiement inconscient de la tête, si la table et le banc se trouvent trop éloignés l'un de l'autre, si la table est trop haute ou son inclinaison trop faible. Afin de diminuer la gêne qu'il éprouve, l'enfant soutient sa tête de ses mains, appuie sa poitrine contre le bord de la table, et ainsi affaisse son dos de plus en plus.

« La construction rationnelle des bancs est soumise à trois conditions également importantes.

1. *L'enfant et la table d'école.* Zurich, 1854.

« *Conditions à remplir pour la construction des bancs d'école.* — 1º L'éloignement de l'extrémité intérieure du banc, par rapport à la projection verticale de la table, appelé DISTANCE.

« 2º La différence de hauteur entre le banc et la table, appelée la DIFFÉRENCE.

« 3º La pente de la table, c'est-à-dire son INCLINAISON.

« *Distance.* — On avait jusqu'à ce jour laissé une grande séparation entre la table et le banc, afin que les élèves puissent se tenir debout dans l'espace laissé libre; mais, depuis, l'expérience et le raisonnement ont démontré qu'un élève ne pouvait, en écrivant, conserver le buste droit s'il n'était pas assis sur un siége dont le bord extérieur se trouvait sensiblement sur la verticale du bord extérieur de la table.

« *Différence.* — On avait également commis la faute de laisser, entre la hauteur des bancs et celle de la table, une trop grande différence. Les tables étaient relativement trop hautes pour les siéges, circonstance qui, jointe à la trop grande distance entre le banc et la table, obligeait le corps de l'enfant à se courber et à s'incliner.

« *Barres des pieds.* — *Dossiers.* — Il faut, afin d'avoir une position favorable à l'écriture, calculer la différence, de façon à ce qu'elle soit égale pour les garçons au huitième, plus un pouce, de leur taille, et pour les filles, au septième de leur taille. Ce changement de dimensions dans la différence s'explique par la nécessité de tenir compte de l'épaisseur des vêtements des filles.

« Il est impossible de conserver sans fatigue la position normale, si la plante des pieds ne repose pas sur le sol et si la partie la plus faible du dos n'est pas soutenue par un appui. La position normale du dos, quand on est assis, consiste dans la flexion à angle droit des bronches et de l'articulation des genoux, et dans le repos des pieds appuyés à plat sur le sol. On ne peut évidemment pas trouver cette position lorsque les sièges sont trop hauts ou trop bas.

« Si les sièges sont trop bas, il n'y a d'autre remède que leur suppression; s'ils sont trop hauts, on peut y remédier au moyen d'une barre d'appui placée au-dessous de la table, à une distance égale à la longueur de la jambe, mesurée de l'angle du genou à la plante des pieds.

« Quant au dossier destiné à soutenir les reins, on lui donne la forme d'une croix de Saint-André; le centre, pourvu d'une saillie, soutient la colonne vertébrale, et les bras inférieurs soutiennent la région lombaire : les appuis de ce genre ont sur tous les autres l'avantage de faciliter le repos des muscles et de les soulager pendant le temps consacré à écrire. Ils offrent, en outre, l'avantage d'avoir moins de saillie que les autres genres de dossier, d'occuper moins de place en plan, et, par suite, de ne pas gêner la surveillance des maîtres.

« *Conclusions de Fahrner*. — Fahrner s'est, dans ses conclusions, borné à demander des améliorations simples et pratiques, après avoir constaté que dans la plupart des classes du même degré les enfants sont, sauf quelques rares exceptions, de même taille. Il admet donc que deux modèles de bancs de grandeurs différentes pourraient suffire par classe, en faisant observer toutefois qu'au moyen de l'exhaussement du plancher ou de la barre, on pourra pourvoir aux exigences des exceptions signalées : sept modèles suffiraient donc pour tous les genres de taille d'enfants en âge d'aller à l'école et variant graduellement de $0^m,18$ à $0^m,255$. La distance est toujours nulle et l'inclinaison donnée à la table de $0^m,06$ sur $0^m,36$ de largeur.

« Le mobilier des classes destinées aux filles travaillant à l'aiguille devra avoir une forme particulière.

« *Objections présentées.* — L'application des principes qui précèdent a vivement préoccupé les médecins et les pédagogues. Ils ont été amenés à constater que la nouvelle combinaison proposée obligerait à renoncer à placer les enfants, non plus d'après le rang que leur travail leur assigne en classe, mais uniquement d'après leur taille, et qu'en outre, il devenait impossible, une fois la distance négative adoptée, de les faire tenir debout devant leur table.

« *Moyens proposés pour répondre à ces objections.* — Différents moyens ont été proposés pour remédier aux inconvénients signalés.

« On a d'abord proposé de munir le pupitre de charnières placées soit à leur sommet, soit à leur milieu; mais si ce système, en laissant plus de place à l'enfant, lui permettait de se tenir devant un pupitre et réalisait une difficulté, il en créait une d'un autre genre en obligeant tous les pupitres d'une table à se soulever et à s'abaisser en même temps, ce qui devenait une cause de gêne et de trouble quand un seul élève avait besoin de rester debout.

« *Modèle Kunz.* — Le modèle Kunz, qui vint ensuite,

comprenait une table à pupitres séparés par élèves ; chacun d'eux glissait sur des coulisses pour aller d'avant en arrière. Mais tout ingénieux qu'il était, ce modèle présentait un grand inconvénient, celui de se déranger facilement ; aussi, dans les écoles de garçons, son usage n'a pas pu se prolonger au delà d'un an sans exiger de réparations.

« *Bancs américains*. — Le modèle des bancs américains, en limitant à deux le nombre de places qu'il devait contenir, a évité les inconvénients qui viennent d'être signalés. Si les deux élèves ne peuvent rester debout à leur place, ils peuvent en sortir et se tenir debout chacun d'un côté, lorsqu'ils sont obligés de se lever pour un exercice quelconque. Ces bancs, très légers à cause de leur petit volume, peuvent facilement se déplacer, surtout s'ils sont portés sur des roulettes ; ils ne gênent pas, par conséquent, le balayage des salles et se prêtent à tous les changements possibles lorsqu'il faut améliorer l'éclairage, le chauffage, ou rapprocher les bancs du maître.

« Au lieu d'un seul passage ménagé au milieu de la classe, ces bancs en exigent 3 ou 4 et même plus, ce qui permet aux maîtres de circuler à travers la classe, et rend la surveillance plus efficace. Il est vrai que cette disposition entraîne une augmentation dans les dimensions de la classe, ou une diminution dans le nombre des places ; mais, dans les deux cas, la salubrité de la classe et la santé des élèves ne pourront qu'y gagner.

« *Plaintes formulées contre l'ancien mobilier*. — Les plaintes si graves formulées contre l'ancien mobilier en usage n'avaient rien d'exagéré. La statistique des maladies contractées à l'école montrent qu'elles étaient les conséquences d'un état de choses très regrettable au point de vue de l'hygiène et de la mauvaise tenue des élèves.

« Ainsi Guillaume et Becker ont additionné les saignements de nez, les maux de tête auxquels étaient sujets les écoliers, et le total auquel ils sont arrivés a une éloquence inattaquable. Le Dr Eulembourg, lui, a constaté les cas de rachitisme qu'il avait été à même de constater, et sur 300 cas observés, 267, c'est-à-dire 90 %, s'étaient développés chez des écoliers de 6 à 14 ans.

« Les attaques les plus vives qui se sont élevées contre les bancs d'école ont été formulées par les médecins oculistes; l'un d'eux, le Dr Cohn[1], a examiné l'appareil visuel de 10,060 élèves, et sur ce nombre il en a trouvé 1,730, c'est-à-dire 17.1 % qui étaient faibles de la vue. Sur ces 1,730, 1,004, près de 10 % du nombre total, étaient myopes, et les 726 restants affectés de diverses maladies de la vue. Il est à remarquer que la proportion d'enfants ainsi affligés est plus grande dans la ville que dans la campagne, et que cette affection augmente d'intensité avec la durée du séjour des enfants à l'école; ainsi, dans les écoles élémentaires plus de la moitié des enfants myopes ne l'est que faiblement, tandis que dans les écoles supérieures la myopie acquiert un degré d'intensité bien plus considérable.

« Le changement anatomique qui constitue la myopie consiste dans une déformation du cristallin; cette déformation peut provenir d'une disposition héréditaire, mais aussi être causée par un régime des yeux mal approprié à leur

---

1. Il faut également citer les travaux du Dr Liebreicht, chirurgien à Thoma's Spitheal, à Londres. (Voir : *Écoles publiques en Angleterre.*)

nature. Parmi tous les enfants myopes qu'il a examinés, Cohn n'a constaté que 2.7 % de cas de myopie héréditaire ; une mauvaise tenue pour lire et pour écrire, une construction défectueuse des bancs de travail, imposent à la tête une situation pénible, causent des élancements douloureux, et en dernier lieu produisent un élargissement de la pupille encore très impressionnable dans le jeune âge. L'application soutenue des regards vers un but très proche amène les mêmes résultats, et peut rendre myope un œil en bon état et très certainement augmenter la myopie d'un œil déjà atteint.

« *Influence du mode d'éclairage.*— La forme défectueuse donnée aux bancs anciens n'est pas seule, du reste, à favoriser le développement de la myopie, le mode d'éclairage y contribue puissamment pour sa part, car s'il est insuffisant, l'œil se rapproche davantage de l'objet à voir ; une tension de l'appareil visuel se produit et cause une fatigue dangereuse. Le nombre et la dimension des fenêtres, leur emplacement et leur disposition par rapport aux élèves, la proximité et la hauteur des maisons voisines, la couleur des murs, doivent être pris en sérieuse considération au point de vue de l'éclairage. Cohn, dans ses études comparatives sur les différentes écoles, a constaté que plus la rue dans laquelle se trouve l'école est étroite, plus les maisons voisines sont hautes, plus le plafond des salles est bas, plus grand aussi est le nombre des élèves myopes. Le rapport entre ces diverses données et le résultat produit est surtout frappant dans les classes élémentaires. Ainsi, une classe éclairée dans de bonnes conditions donne 1.8 % d'élèves myopes, et une autre, mal éclairée, 15 %. L'influence des livres de classes mal imprimés, l'usage de mauvais papier à écrire, l'assiduité au travail sont secondaires en pareil cas.

« *Conclusion*. — En résumé, la commission propose d'adopter désormais, pour les écoles, des bancs-tables construits d'après les indications suivantes (fig. 112) :

Fig. 112.

1° Les sièges seront à deux places, et chaque classe contiendra deux types du modèle adopté, différents entre eux comme dimensions;

2° Ces bancs auront, entre le rebord intérieur et celui du pupitre, une distance nulle ou de $0^m,06$ au plus;

3° La différence de hauteur entre le siège et le pupitre dépassera de $0^m,015$ à $0^m,021$ la distance du coude au siège ($0^m,165$ à $0^m,24$);

4° La table aura o^m,45 de largeur avec une inclinaison de o^m,06;

5° La hauteur des bancs sera déterminée par une mesure prise de la plante des pieds à l'assiette du corps;

6° Les bancs auront o^m,24 à o^m,33 de large;

7° Le siège sera légèrement concave;

8° Les bancs seront munis de dossiers en forme de croix, ayant le centre saillant;

9° Chaque place occupera de o^m,52 à o^m,75, suivant la taille des enfants.

« *Barres des pieds. — Hauteur uniforme des bancs et des tables. —* Les barres de pieds ne sont pas absolument nécessaires lorsque, par suite des dispositions prises, les enfants, même les plus jeunes, peuvent faire reposer leurs pieds par terre. Il faut aussi remarquer qu'il y aurait un grand avantage à exhausser tous les bancs à une hauteur uniforme au moyen d'un parquet. De cette façon, le maître, chargé de corriger les devoirs des élèves et d'en surveiller l'exécution, ne serait pas contraint à plus ou moins se baisser ou à se relever à chaque instant en passant d'une table à une autre. »

DIFFÉRENTS MODÈLES DE BANCS-TABLES EN USAGE.

On a proposé bien des modèles de bancs-tables qu'on supposait propres à remplir les conditions précédemment développées. Chacun de ces modèles a naturellement été préconisé par son auteur, mais peu d'entre eux ont répondu aux espérances qu'ils avaient fait concevoir et, après un essai malheureux, le plus grand nombre a disparu.

Nous ne parlerons donc que des modèles actuellement en usage, de ceux qui se rencontrent le plus fréquemment et qui constituent une amélioration sur l'état ancien, car beaucoup de modèles se sont contentés d'être nouveaux, et de remplacer par d'autres défauts les défauts rencontrés chez leurs devanciers.

Le modèle des bancs-tables du canton de Berne[1] (fig. 113) offre comme avantage une distance nulle, une différence bien calculée; il a un dossier et une barre de pieds; il

Fig. 113.

est à deux places, et les enfants peuvent se mettre de côté lorsqu'ils doivent rester debout; le défaut de ce modèle est de ne pas laisser entre le banc et la table un espace suf-

1. M. Salvisberg, architecte.

fisant pour que les enfants puissent facilement entrer à leur place ou en sortir; la séparation entre le banc et la table comprend à peine la mesure nécessaire au passage de la jambe, de sorte qu'à chaque fois qu'ils veulent quitter leur place, les enfants se heurtent et se frappent les genoux.

Le modèle du canton de Neufchâtel (fig. 114) est également à deux places; la distance est nulle, la différence bien

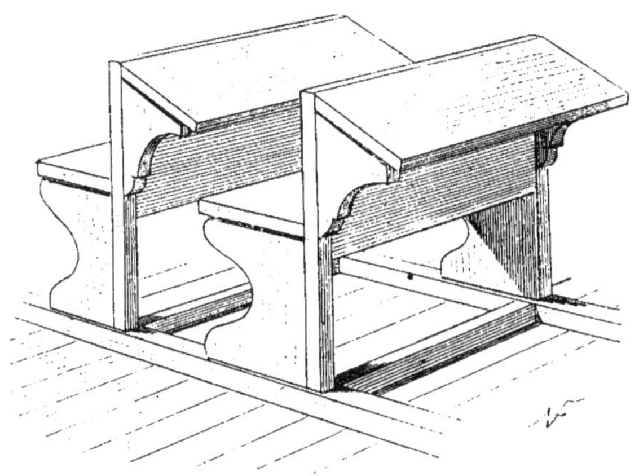

Fig. 114.

calculée; les points d'appui ne se composent que d'un montant très étroit; l'entrée et la sortie des élèves peut donc ainsi se faire très facilement. Les rangs de bancs et de pupitres sont reliés ensemble, de sorte que le devant du pupitre d'un rang sert de dossier au rang qui précède, la surveillance du maître ne peut ainsi s'exercer que latéralement; en outre, cette disposition qui, il est vrai, économise l'espace, établit une solidarité fâcheuse entre les élèves placés les uns devant les autres; de plus, le dossier, formé d'une planche pleine, ne laisse pas aux vêtements la place nécessaire.

Ce modèle est une transformation, mais non une amélioration du modèle primitif du Dr Guillaume, lequel, conçu dans le même ordre d'idées, se composait de bancs seulement, reliés à la table et indépendants des bancs et des tables voisins.

Le modèle (fig. 115) est conçu suivant les mêmes principes que le précédent; ils offrent tous deux les mêmes

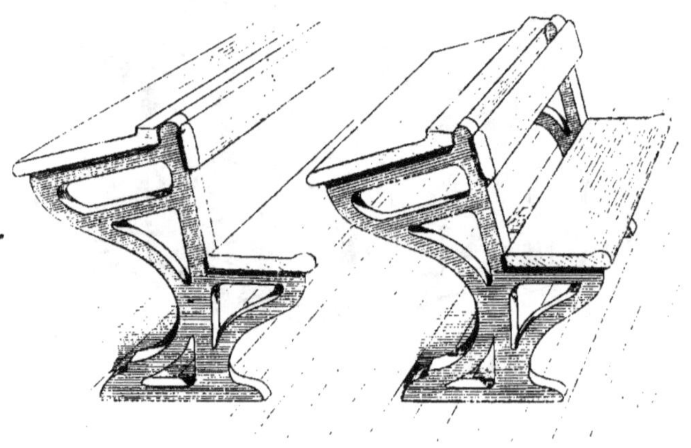

Fig. 115.

avantages et ont un défaut commun, la solidarité établie entre les diverses lignes consécutives des bancs. La grande différence qui les sépare réside dans les points d'appui, qui pour l'un sont en bois et, pour l'autre, en fonte. Ce dernier modèle est, toutefois, plus soigné que le précédent; le siège est concave; le dossier, formé d'une simple barre de bois, ne gêne pas les vêtements.

BANCS-TABLES, MODÈLE LARGIADER[1].

Les bancs-tables modèle Largiader (fig. 116), en
usage dans les écoles de Zurich et de Vevey, satisfont à
toutes les prescriptions réglementaires et remplissent les
diverses conditions exigées par l'hygiène et la pédagogie,

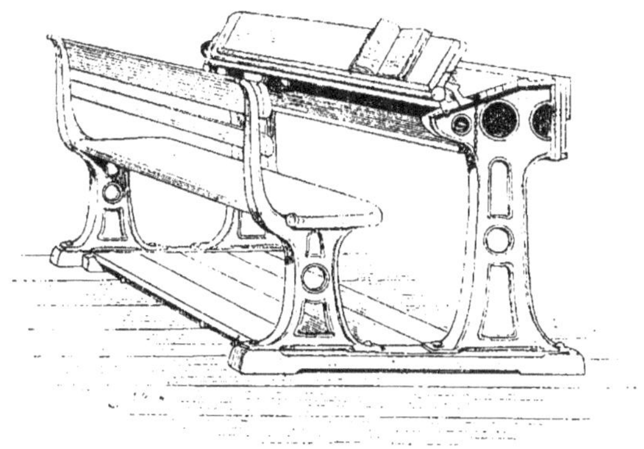

Fig. 116.

tout en mettant en œuvre des procédés différents de ceux en
faveur dans les autres écoles suisses; ils se rapprochent, à ce
point de vue, beaucoup des meubles des écoles anglaises.

La partie antérieure du pupitre est mobile et se rabat
lorsque l'élève, cessant d'écrire, veut lire ou se tenir debout.
La distance entre le banc et le pupitre est ainsi, à volonté,
rendue nulle ou très-sensible. Pour les bancs des écoles de
filles, une goupille permet de placer la partie antérieure
dans une position horizontale qui la convertit en table à
ouvrage pour les leçons de couture.

1. Wolf et Weiss, constructeurs, à Zurich.

GRANDEURS DES ÉLÈVES EN CENTIMÈTRES.	101-110	111-120	121-130	131-140	141-150	151-160	161-170	171-180
	I	II	III	IV	V	VI	VII	VIII
Inclinaison de la table (env. 14 deg.).	80	87	90	95	100	100	100	100
Distance verticale du siège à l'arête de la table.	190	200	210	220	230	240	260	280
Distance verticale du siège au marchepied. . .	260	300	340	370	400	430	460	490
Hauteur du marchepied au-dessus du plancher.	220	163	110	65	sans marchepied.			
Hauteur totale de la table.	750	750	750	750	730	770	820	870
Largeur utile du siège	230	240	250	260	280	295	320	340
Largeur totale du siège.	240	250	260	270	290	305	330	350
Largeur totale de la table.	340	360	380	400	420	420	430	430
Partie fixe.	160	180	200	220	240	240	250	250
Partie mobile.	180	180	180	180	180	180	180	180
Longueur des traverses.	803	825	857	870	905	920	960	980

Les points d'appui sont en fonte et l'ensemble paraît solide et commode, mais la complication du mécanisme de l'appareil doit en rendre l'usage difficile et nécessiter de fréquentes réparations.

Les bancs de ce genre sont très variés; il en existe jusqu'ici huit modèles différents, proportionnés à la taille des élèves. Le tableau ci-contre indique les dimensions de chacun de ces modèles et contient, à ce sujet, des indications fort utiles en théorie, mais qui dans la pratique paraissent trop minutieuses.

BANCS A SIEGE MOBILE.

Le dernier modèle (fig. 117) que nous ayons à signaler,

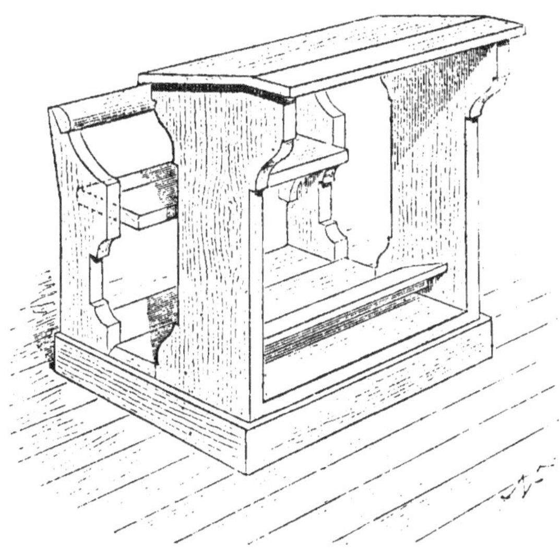

Fig. 117.

est en usage dans certaines écoles de filles de Bàle; il est à deux places; la différence est bien établie, et afin que la distance, tant en restant nulle, laisse cependant aux enfants la possibilité de rester debout à leur place, le siège est rendu mobile et se relève au moyen de charnières par un mouvement analogue à celui des stalles de prêtres dans les églises. Une autre innovation présentée par ce modèle est l'exhaussement donné au plancher, dont la hauteur variable permet à la table de se trouver à un niveau uniforme, et d'éviter au maître la fatigue de se baisser et de se relever en passant d'un élève à un autre.

Les bois employés à la construction de ces différents bancs et pupitres sont le hêtre et le sapin.

SIÈGES DE MAITRES.

Les sièges de maîtres se composent, dans la plupart des écoles, d'une chaise et d'une simple table, le tout exhaussé sur un degré occupant tout le fond de la classe. Cette disposition est excellente. Le maître étant bien en vue, n'ayant aucune partie du corps dissimulée, se trouve obligé de donner à ses élèves un constant exemple de bonne tenue et de convenance. Il n'éprouve ni gêne ni difficulté à se lever fréquemment de sa chaise pour aller et venir à travers la classe; il n'est pas, comme ailleurs, obligé d'ouvrir une porte, de descendre d'une chaire monumentale, constant dépôt de poussière, et parfois prétexte à de déplorables abus; ses mouvements sont libres et faciles; aucun obstacle ne sert de prétexte à sa négligence ou d'excuse à son défaut de surveillance.

Un maître d'école primaire n'est pas un professeur de

lycée ou de faculté qui fait un cours ou une conférence ;
c'est un modeste instituteur qui enseigne les premiers élé-
, ments des connaissances usuelles et dont le siège doit
être en rapport avec le rôle qu'il est appelé à remplir.

C'est donc plutôt à titre de *souvenir historique* que
comme meuble à utiliser, que nous donnons (fig. 118) le

Fig 118

dessin d'un bureau de maitre, retrouvé dans une école lors
d'une de nos visites.

Tableaux noirs, fixes et mobiles.

Les tableaux noirs fixes se composent d'une grande

plaque d'ardoise ou d'une table de bois noir mat, scellée au mur dans l'axe de la classe.

Les tableaux mobiles (fig. 119) sont portés sur un chevalet qui permet de les changer de place suivant les besoins

Fig. 119.

du moment; mobiles sur leur axe, ils peuvent prendre l'inclinaison nécessaire. Un petit récipient, fixé sur la traverse inférieure du chevalet, reçoit le blanc et l'éponge.

Il existe encore une autre sorte de tableaux (fig. 120) à

la fois fixes, puisqu'ils sont suspendus à des crochets scellés
dans le mur, et mobiles, puisqu'on peut les décrocher et les

Fig. 120.

changer de place. Ces tableaux, de même nature que les
précédents, restent droits ou s'inclinent à volonté, au moyen
d'une crémaillère fixée au mur.

BANCS DES SALLES DE MUSIQUE, DE FÊTES, ETC.

Les salles de musique, les salles de fêtes ou d'examen,
reçoivent à la fois un nombre considérable d'élèves. Ces salles
ne sont pas destinées au même service que les classes; les
enfants n'y travaillent pas, et des tables à écrire y seraient
inutiles. Le mobilier de ces salles se compose donc uniquement de sièges dont la forme varie peu; ils sont tous à

dossiers et en général de construction très-simple (fig. 121);

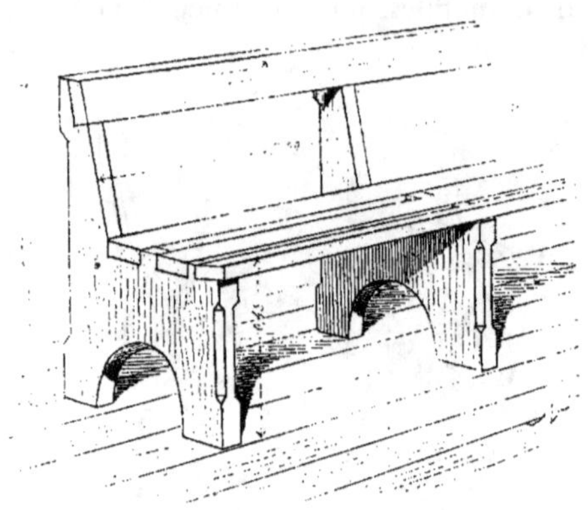

Fig. 121.

parfois cependant, ils sont plus ornés, et au lieu d'être de

Fig. 122.

bois brut, sont fabriqués avec du sapin durci (fig. 122).

TABLES A DESSINER.

Les meubles en usage dans les salles de dessin offrent
deux modèles d'une disposition ingénieuse.

Le premier (fig. 123) est destiné aux élèves faisant des
tracés géométriques ou des lavis; l'élève travaille debout; il

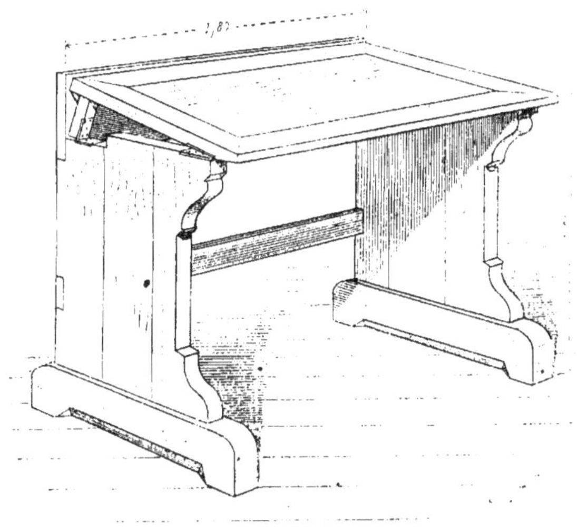

Fig. 123.

a sa table distincte et, suivant la nature de son dessin, peut,
au moyen d'un taquet, donner au pupitre une légère inclinaison.

L'autre table (fig. 124) est plus compliquée; elle sert aux
élèves dessinant d'après un modèle.

L'élève travaille assis sur une chaise ordinaire; une crémaillère, placée sur le devant de la table, permet de

donner à celle-ci une inclinaison aussi accentuée qu'on peut
le désirer; le modèle, placé sur le derrière de la table, est
maintenu dans un châssis mobile au moyen d'une seconde
crémaillère. Chaque élève a sa table; un passage, réservé

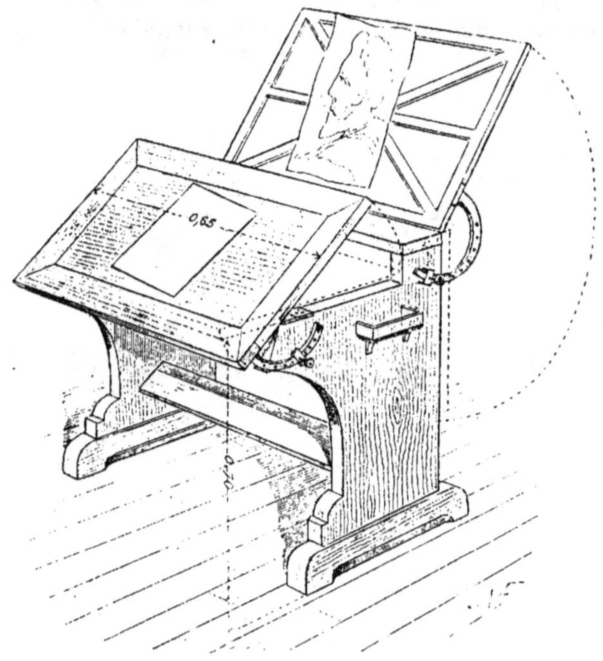

Fig. 124.

tout autour et en tous sens, permet au maître de voir de près
le travail qui s'exécute. Quand la table est au repos, c'est-
à-dire quand elle n'est pas utilisée, le pupitre prend la
position horizontale, et le châssis retombe en arrière le long
de la table.

Ces meubles sont fort commodes; l'isolement de l'élève est une amélioration incontestable, mais une installation de ce genre exige beaucoup de place et donne lieu à une dépense assez élevée.

VI

CONCLUSION

Nous en avons fini avec l'examen et l'étude des écoles
publiques de la France, de l'Angleterre, de la Belgique, de
la Hollande et de la Suisse, pays qui, au point de vue
de l'instruction populaire, tiennent une grande place en
Europe.

Mais notre travail serait incomplet, si nous ne résu-
mions les éléments que nous venons de faire passer sous les
yeux du lecteur et si nous n'en tirions des conclusions d'une
application pratique, propres à nous servir et à nous montrer le parti que nous pouvons tirer des efforts et des ten-
tatives faits autour de nous.

Nous ne reviendrons pas sur les discussions et les explications qui précèdent, et nous nous contenterons d'un court
énoncé. Il est, du reste, facile de voir, dès à présent, ce
qui, à certains points de vue, manque à nos écoles, et ce
que nous pouvons emprunter aux écoles anglaises, bel-
ges, hollandaises et suisses, afin de les compléter et de les
améliorer.

Il faudrait donc demander d'abord à nos écoles publi-

ques de plus grandes dimensions; non un accroissement de
population, mais un accroissement de surface, leur permettant de comprendre désormais :

1° Un vestibule, dans lequel les parents des élèves pourraient attendre à couvert la sortie de leurs enfants, et ceux-ci
l'heure de l'ouverture de l'école;

2° Une ou plusieurs salles spéciales fermées, contenant
les lavabos;

3° Un vestiaire, séparé pour chaque classe, et placé à
côté d'elle;

4° Une petite cuisine, dans laquelle on pourrait réchauffer
ou préparer les aliments des enfants passant la journée entière
à l'école (la cuisine du concierge remplit actuellement cet
office d'une façon qui laisse plus qu'à désirer);

5° Un réfectoire, dans lequel ces mêmes enfants pren-
draient leur repas, assis et à l'abri du froid;

6° Un gymnase non seulement destiné aux élèves de
l'école, mais pouvant encore, à certaines heures, recevoir
les jeunes gens du voisinage;

7° Une cour de récréation couverte, simple abri ouvert
d'un côté ou sur toutes ses faces;

8° Des classes d'une surface relativement restreinte, et
contenant un petit nombre d'élèves... classes chauffées,
ventilées et bien aérées;

9° Une ou des salles de travail professionnel, destinées,
non à former des ouvriers ou des ouvrières, mais à s'assurer
de l'aptitude des élèves, de leur goût pour tel ou tel
métier, de leurs tendances pour une profession plutôt que
pour une autre;

10° Un musée scolaire, collection ethnographique, réunion d'objets usuels d'un usage pratique;

11° Une salle de fêtes, dans laquelle les enfants seraient tous réunis, à certains jours, pour assister à des conférences, à des concerts, à des représentations théâtrales pouvant les distraire, les intéresser et les amuser;

12° Un mobilier scolaire, en rapport avec les progrès actuels et les principes de la pédagogie moderne;

13° La séparation, dans les écoles rurales, des classes et des logements de maître, auxquels serait attribuée une entrée distincte;

14° La suppression absolue des logements de maîtres dans les écoles urbaines;

15° La création, dans toutes les grandes écoles, d'un personnel spécial, chargé du nettoyage, du balayage, du chauffage et de l'éclairage;

16° L'élévation du chiffre de la dépense alloué pour la construction des maisons d'écoles.

Quant aux questions de détail relatives aux fenêtres, rideaux, parquets, peintures, etc., l'initiative privée assurera les améliorations nécessaires, conformément aux systèmes précédemment préconisés.

Il faut bien comprendre quelle est, pour une nation, l'importance de l'école publique et se bien pénétrer de cette idée que, chez un peuple dont l'état social est convenablement équilibré, l'instruction de la classe ouvrière ne peut être ni négligée ni abandonnée; que le moyen le plus efficace pour l'assurer et la vulgariser est de construire des écoles vraiment dignes de ce nom. C'est là un perfectionnement, un complément de civilisation dont les avantages ne peuvent, aujourd'hui, être mis en discussion.

L'INSTRUCTION N'EST PAS UN BIENFAIT, C'EST UN DROIT DONT PERSONNE NE PEUT ÊTRE FRUSTRÉ, et cependant, à Paris, 30,000 enfants ne peuvent recevoir l'instruction primaire faute d'école et, dans le reste de la France, 25,000 communes ont encore à construire, agrandir ou réparer leurs maisons d'écoles impropres au service auquel elles sont destinées.

FIN

TABLE DES FIGURES.

(Voir la Table des Chapitres, page I à IV.)

II

SERVICES EXTERIEURS ET INTERIEURS.

Pages.

1. Plan général d'une école rurale mixte. 58
2.   —   — urbaine. 59
3.   —   — de garçons (800 élèves). 60
4.   —   — de filles. 61
5. Fontaine dans une cour de récréation. 63
6. Privés et urinoirs : plan. 64
7.   —   —   Vue intérieure 65
8. Gymnase d'école urbaine : plan. 67
9.   —   —   Vue intérieure. 68

Pages.

10. Gymnase de l'école cantonale de Berne : plan   69
11.   —   —   —   Coupe   70
12.   —   —   —   Élévation   71
13. École de filles à Genève : plan du rez-de-chaussée indiquant
                                la disposition des préaux. . . .   74
14.   —   —   plan du premier étage   75
15.   —   —   coupe sur les préaux   76
16. École de garçons à Neufchâtel : plan du mobilier et du préau.   77
17.   —   —   Vue intérieure   78
18. Porte-manteaux mobiles   79
19. Porte-parapluies en fer.   80
20. Lavabos.   82
21. Vue d'une fenêtre avec châssis mobile sur son axe inférieur.   83
22.   —   — rideaux (élévation).   84
23.   —   —   —   (coupe)   85
24. Plan d'une classe d'école rurale.   88
25. Vue intérieure   —   —   89
26. Plan d'une classe d'école urbaine.   90
27. Vue intérieure   —   91
28. Rampe d'escalier en fer et fonte.   93
29. École de garçons à Bâle : plan du vestibule et de l'escalier
                                d'honneur   94
30.   —   —   Vue intérieure   95
31. Vue d'un escalier en bois d'école rurale, placé à l'extérieur
        et abrité par la saillie du toit.   96
32. Plan d'une salle de dessin et d'une salle de musique.   98
33. Plan d'ensemble d'une salle d'examen et d'une salle de fêtes.   99
34. Plan d'une salle de fêtes. 101
35. Vue intérieure —   —   101
36. Plan d'une salle de fêtes avec galerie. 102
37. Vue intérieure   —   —   103
38. Appareils de chauffage et de ventilation de l'école de la
        Neuville à Winterthur : plan. 116
39.   —   —   coupe. 117
40. Appareils de chauffage et de ventilation de l'école de Sainte-
        Clara au Petit-Bâle : plan. 118
41.   —   —   coupe 119
42. Appareils de chauffage et de ventilation d'une école de filles
        à Genève : plan. 120

Pages.

43. Appareils de chauffage et de ventilation d'une école de filles
 à Genève : coupe 121
44. —   —   Plan de la partie supérieure de l'appareil . . . 122
45. —   —   Face de l'appareil . . . . 12?
46. Appareils de chauffage et de ventilation, système Salwisberg :
 coupe. . . . . 12?
47. —   —   Coupe des canaux et des orifices d'évacuation de
 l'air vicié. . . . . 12?

III

DIFFÉRENTS TYPES DE MAISONS D'ÉCOLE.

48. École de Duillier : plan du rez-de-chaussée . . . . 12?
49. —   —   Plan du premier étage . . . . 12?
50. —   —   Vue de la façade, côté de l'entrée . . . . . 13?
51. —   —   côté de la cour 131
52. École de hameau dans l'Oberland (48 élèves) : plan . . . . . . 13?
53. —   —   Vue intérieure 133
54. École de hameau dans l'Oberland (80 élèves) : plan . . . . . . 13?
55. —   —   Vue intérieure. . . . . 13?
56. École dans l'Oberland (2 classes) : plan. 141
57. —   —   Élévation générale. 141
58. —   —   Coupe transversale . . . . 14?
59. École de Saint-Triphon (école de hameau) : plan du rez-de-
 chaussée. 145
60. —   —   Plan du premier étage. . . . . 14?
61. —   —   Élévation . . . . 14?
62. École de Forel (école de hameau) : plan du premier étage. . 14?
63. —   —   Plan du rez-de-chaussée. 14?
64. —   —   Vue intérieure. . . . . . . 14?
65. École de Hammen (école de hameau, 48 élèves) : plan du
 rez-de-chaussée 152
66. —   —   Plan du premier étage 152
67. —   —   Vue intérieure. . . . . 15?
68. École de Corsier : plan. 154
69. —   —   Élévation géométrale . . . . 15?

Pages.

70. École de Montreux : plan du rez-de-chaussée 156
71. —   —   Plan du premier étage 157
72. —   —   Vue extérieure 157
73. École primaire et supérieure de Vevey : plan du rez-de-
          chaussée 161
74. —   —   Plan du deuxième étage 163
75. —   —   Vue extérieure 164
76. —   —   Élévation géométrale sur la cour. . . . 165
77. —   —   Coupe longitudinale 166
78. École de la Neuville à Winterthur : plan du rez-de-chaussée 167
79. —   —   Vue de la façade principale 168
80. École de l'Hôtel de Ville à Winterthur : plan du rez-de-
          chaussée 170
81. —   —   Vue générale de la façade et des abords. 171
82. École de Zoffingen : plan général. 175
83. —   —   Plan du rez-de-chaussée. 177
84. —   —   Vue générale. 179
85. École d'Aarau : plan du rez-de-chaussée. 182
86. —   —   Plan du deuxième étage. 183
87. —   —   Vue sur l'entrée. 185
88. —   —   Vue sur la cour. 186
89. —   —   Vue d'anciens bâtiments scolaires à Aarau . 187
90. École de Sainte-Clara de Bâle : plan du rez-de-chaussée. . . 189
91. —   —   Plan du deuxième étage. . . 191
92. —   —   Élévation de la façade. . . . 192
93. École de la Theaterstrasse de Bâle : plan du rez-de-chaussée. 194
94. —   —   Élévation sur la cour. . . 195
95. —   —   —   sur la rue. . . 195
96. École de filles de Neufchâtel : plan général. 197
97. —   —   Plan du rez-de-chaussée . . . 198
98. —   —   Plan du premier étage 200
99. —   —   Vue générale 201
100. École de garçons de Neufchâtel : plan du rez-de-chaussée.. 203
101. —   —   Vue générale 204
102. École de la Schaazengraben à Zurich : plan.. 206
103. —   —   Élévation. 207
104. École de la Linterscherplatz à Zurich : plan. 208
105. —   —   Coupe. 209
106. —   —   Vue extérieure. . . 209

Pages.

107. École cantonale à Berne : plan du rez-de-chaussée 211
108.   —   —   plan du premier étage 212
109.   —   —   Élévation 213

IV

JARDINS D'ENFANTS.

110. Jardin d'enfants : plan du rez-de-chaussée. 219
111.   —   Vue extérieure. 220

V

MOBILIER SCOLAIRE.

112. Banc-table, modèle Hiss. 250
113.   —   modèle Salwisberg. 242
114.   —   à pupitre et dossier solidaire (points d'appui en
                                                bois) 243
115.   —   —   —   (points d'appui en
                                                fonte) 244
116.   —   des écoles de Zurich (modèle Largiader). 245
117.   —   à siège mobile. 247
118. Bureau de maître. 249
119. Tableau noir mobile. 250
120.   —   — fixe. 251
121. Bancs d'une salle d'exercice. 252
122.   — d'une salle de fêtes. 253
123. Table à dessin, élèves travaillant debout. 254
124.   —   —   —   —   assis. 255

A. Quantin imprimeur
7 r St Benoît à Paris

EXTRAIT DU CATALOGUE

LES ÉCOLES PUBLIQUES
CONSTRUCTION ET INSTALLATION
EN FRANCE ET EN ANGLETERRE
PAR
FÉLIX NARJOUX
Architecte de la ville de Paris.
2ᶜ ÉDITION
1 volume in-8° de 350 pages environ, avec 154 figures intercalées dans le texte.
Prix, broché. . . . . 7 fr. 50

LES ÉCOLES PUBLIQUES
CONSTRUCTION ET INSTALLATION
EN BELGIQUE ET EN HOLLANDE
PAR
FÉLIX NARJOUX
Architecte de la ville de Paris.
1 volume in-8° de 270 pages, avec 117 figures intercalées dans le texte.
Prix, broché. . . . . 7 fr. 50
Ensemble : les 3 volumes LES ÉCOLES PUBLIQUES, CONSTRUCTION ET INSTALLATION :
1ᵉʳ vol. *France et Angleterre;* 2ᵉ vol. *Belgique et Hollande;* 3ᵉ vol. *Suisse.*
Prix, broché . . . . 20 fr.

PARIS
MONUMENTS ÉLEVÉS PAR LA VILLE
1850-1880
OUVRAGE PUBLIÉ SOUS LE PATRONAGE DE LA VILLE DE PARIS
PAR
FÉLIX NARJOUX
Architecte de la ville de Paris.

Cet ensemble des édifices élevés à Paris de 1850 à 1880 forme un recueil des œuvres de l'architecture moderne d'une importance sans égale, et dont la réalisation eût été matériellement impossible, sans le concours et le patronage de la Ville elle-même.

L'OUVRAGE SERA DIVISÉ EN NEUF SÉRIES :
I. Édifices administratifs. — Mairies, hôtel de ville, etc.
II. Édifices religieux. — Églises, temples, synagogues, etc.
III. Édifices scolaires. — Écoles, collèges, lycées, etc.
IV. Édifices consacrés aux Beaux-Arts. — Théâtres, musées.
V. Édifices décoratifs. — Fontaines, monuments commémoratifs.
VI. Édifices judiciaires. — Palais de justice, tribunaux, prisons.
VII. Édifices de la force publique. — Casernes.
VIII. Édifices sanitaires. — Hospices, hôpitaux, asiles d'aliénés.
IX. Édifices d'intérêt général. — Halles et marchés.

L'ouvrage, format in-folio, comprendra 300 planches et un texte, et sera publié en 5 livraisons de 20 planches.
Prix de la livraison . . . . 22 fr.

La 4ᵉ livraison est en vente.

PARIS. — Imp. J. CLAYE. — A. QUANTIN et Cⁱᵉ, rue Saint-Benoît. [56]

www.ingramcontent.com/pod-product-compliance
Lightning Source LLC
LaVergne TN
LVHW010302190726
843502LV00014B/1093